おうちで学べる アルゴリズムのきほん

全く新しいアルゴリズムの入門書

鈴木浩一 著

SHOEISHA

本書内容に関するお問い合わせについて

このたびは翔泳社の書籍をお買い上げいただき、誠にありがとうございます。弊社では、読者の皆様からのお問い合わせに適切に対応させていただくため、以下のガイドラインへのご協力をお願い致しております。下記項目をお読みいただき、手順に従ってお問い合わせください。

●ご質問される前に

弊社Webサイトの「正誤表」をご参照ください。これまでに判明した正誤や追加情報を掲載しています。

正誤表　http://www.shoeisha.co.jp/book/errata/

●ご質問方法

弊社Webサイトの「刊行物Q&A」をご利用ください。

刊行物Q&A　http://www.shoeisha.co.jp/book/qa/

インターネットをご利用でない場合は、FAXまたは郵便にて、下記"翔泳社 愛読者サービスセンター"までお問い合わせください。
電話でのご質問は、お受けしておりません。

●回答について

回答は、ご質問いただいた手段によってご返事申し上げます。ご質問の内容によっては、回答に数日ないしはそれ以上の期間を要する場合があります。

●ご質問に際してのご注意

本書の対象を越えるもの、記述個所を特定されないもの、また読者固有の環境に起因するご質問等にはお答えできませんので、予めご了承ください。

●郵便物送付先およびFAX番号

送付先住所　〒160-0006　東京都新宿区舟町5
FAX番号　　03-5362-3818
宛先　　　　（株）翔泳社 愛読者サービスセンター

※本書に記載されたURL等は予告なく変更される場合があります。
※本書の出版にあたっては正確な記述につとめましたが、著者や出版社などのいずれも、本書の内容に対して何らかの保証をするものではなく、内容やサンプルに基づくいかなる運用結果に関してもいっさいの責任を負いません。
※本書に掲載されているサンプルプログラムやスクリプト、および実行結果を記した画面イメージなどは、特定の設定に基づいた環境にて再現される一例です。
※本書に記載されている会社名、製品名はそれぞれ各社の商標および登録商標です。
※本書において示されている見解は、著者自身の見解です。著者が関連する企業の見解を反映したものではありません。
※本書の内容は、2017年2月執筆時点のものです。

はじめに

　先日、中学1年生の息子から、「アルゴリズムって何?」と質問されました。アルゴリズムはコンピュータの世界の用語であり、日常的に使われる用語ではないと思っていたので、質問されたこと自体に驚きを覚えました。それだけアルゴリズムが身近なものになった証でしょう。

　そんな矢先、偶然にも本書の執筆依頼がありました。筆者は現在まで30年あまり、IT研修のインストラクタを生業としています。受講者の中には、業務でいやいやITに取り組まざるを得なかったり、数学やコンピュータは苦手だという方も数多くいました。

　本書はそのような、どちらかといえば「ITは敷居が高い」と感じている方を念頭に置いて書いた書籍です。

　ありがたいことに、現在ではITに関する良書が多数出版されていますし、インターネットで検索すれば、無料で様々な技術の概要を知ることができます。そこで本書では、特に次のことに留意して執筆しました。

・プログラムの知識がなくても、実習でアルゴリズムを体験できる
・アルゴリズムを発明した偉大な先人に敬意を表し、可能な限り本名と生没年を記す
・IT用語は英語が多く、英文のドキュメントを読む機会も多いので、カタカナ用語については極力英語のスペルも表記する

　本書を読んで、世の中は様々なアルゴリズムがあふれていることを知っていただければ幸いです。また本書をきっかけに、アルゴリズムに興味を持ってくれたら、著者としてこれ以上の嬉しさはありません。

　最後に、なかなか執筆が捗らない著者を叱咤激励し、本書の刊行まで導いてくださった翔泳社の石原氏に、厚く御礼申し上げます。

2017年2月 鈴木 浩一

本書の概要

　本書は、アルゴリズムの基礎知識を学びたい人、あるいはアルゴリズムを理解して「真の問題解決力」を身に付けたい人のための書籍です。

　「アルゴリズムについて学びたいが、何から始めればよいのかわからない」「アルゴリズムの入門書を読んだが、難しくて理解できなかった」…そんな人をターゲットにしています。

　「アルゴリズム」は、従来はプログラマーやITエンジニアなど、主に「専門職の方が学ぶもの」というイメージを持つ人が多かったと思います。

　しかし人工知能や機械学習などの新たな技術が注目を集め、ITテクノロジーが飛躍的な進化を遂げている昨今は、それらの技術を支える「アルゴリズム」に興味を持つ人も増えているようです。

　本書は、そのような従来アルゴリズムに関わりの薄かった「一般層」の人にも読んでもらえる内容を目指しています。

「実習」のページ（やってみる）

実際に「やってみる」部分です。ここでは、理論を理解する必要はありません。まずは手と頭を動かして、実習の内容を実践してください。なおもしも自宅環境で再現できない実習がある場合は、読み飛ばしても構いません。

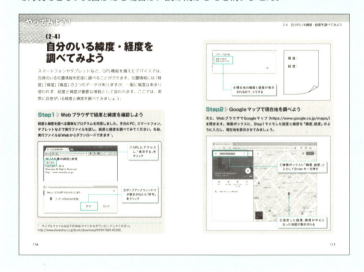

そのために本書では、解説を「やってみる（実習）」と「学ぶ（講義）」という2つの要素に分けました。実際にアルゴリズムが担っている様々な機能や役割を確認して（＝やってみる）、その後にその要素についての解説を読む（＝学ぶ）ことで、初学者の方でも無理なく、アルゴリズムについての理解を深められると思います。

　なお「実習」は、ちょっとしたクイズ、あるいは自宅PCでも実現できる簡易なものを選びましたが、読者の環境によっては実現できないものがあるかもしれません。その場合は、実習を飛ばして講義の部分のみをお読みいただいても結構です。

　各章の最後には、「練習問題」が付いています。問題は、基本的にその章の解説を読めば無理なく回答できるものになっています。各章で学んだことが身に付いているかどうかの確認としてご利用ください。

「講義」のページ（学ぶ）

実習でやったことを踏まえ、アルゴリズムの概要について「学ぶ」部分です。実習を行ってから読むと、さらに理解を深めることができますが、この部分だけ読んでも差し支えありません。

CONTENTS

もくじ

Chapter 01

アルゴリズムって何だろう …… 011

～なぜアルゴリズムが必要なのか～

1-1 身近なアルゴリズムを体験してみよう …… **012**

1-1-1 アルゴリズムって何? …… **015**

1-1-2 アルゴリズム小史 …… **018**

1-2 アルゴリズムを考えてみよう …… **025**

1-2-1 アルゴリズムが満たすべき条件① 汎用性、正当性、決定性 …… **028**

1-3 永久に止まらないアルゴリズムを体験してみよう …… **039**

1-3-1 アルゴリズムが満たすべき条件② 有限性と停止性 …… **041**

練習問題 …… **048**

Chapter 02

アルゴリズムに触れてみよう …… 049

～世の中にあふれるアルゴリズム～

2-1 検索アルゴリズムを体験してみよう …… **050**

2-1-1 アルゴリズムの代表選手「検索」 …… **054**

2-1-2 単純な検索アルゴリズムを見てみよう …… **062**

2-1-3 より高度な検索とデータ構造 …… **067**

2-2 地図サービスで道順を調べてみよう …… **077**

2-2-1 人には容易でも機械には難しい? 経路探索アルゴリズム …… **080**

2-2-2 アルゴリズムの難敵「組み合わせ爆発」…… **091**

2-3 スマートフォンに語りかけてみよう …… **098**

2-3-1 機械に言葉を理解させる音声認識アルゴリズム …… **100**

2-3-2 機械に写真を見分けさせる画像認識アルゴリズム …… **109**

2-4 自分のいる緯度・経度を調べてみよう …… **116**

2-4-1 現在位置を知る位置情報取得アルゴリズム …… **118**

練習問題 …… **130**

Chapter 03
アルゴリズムとプログラムの関係 …… 131
～確かな開発力を身に付けるために～

3-1 JavaScriptで割り算のアルゴリズムを実装してみよう …… **132**

3-1-1 アルゴリズムとプログラム …… **138**

3-1-2 アルゴリズムとコンピュータ …… **146**

3-2 並べ替えアルゴリズムを体験してみよう …… **154**

3-2-1 アルゴリズムの「速さ」は何で決まるか① …… **156**

3-2-2 アルゴリズムの「速さ」は何で決まるか② …… **166**

3-2-3 「繰り返し」の実現方法 ループと再帰 …… **173**

3-3 JavaScriptで円周率を計算してみよう …… **180**

3-3-1 数値計算アルゴリズムと誤差の考え方 …… **182**

3-3-2 数値計算の近道「数表」…… **189**

練習問題 …… **194**

CONTENTS

Chapter 04
Web検索のアルゴリズムを見てみよう ⋯⋯ 195
〜アルゴリズムの秘密①〜

4-1 文字検索アルゴリズムを体験してみよう ⋯⋯ **196**

4-1-1 文字検索列アルゴリズムとプログラミング ⋯⋯ **198**

4-1-2 より高度な文字検索列アルゴリズム ⋯⋯ **205**

4-1-3 インターネットの歴史とページランク ⋯⋯ **213**

練習問題 ⋯⋯ **220**

Chapter 05
圧縮・解凍と暗号化のアルゴリズムを見てみよう ⋯⋯ 221
〜アルゴリズムの秘密②〜

5-1 圧縮・解凍アルゴリズムを体験してみよう ⋯⋯ **222**

5-1-1 「可逆圧縮」のアルゴリズム ⋯⋯ **224**

5-1-2 「非可逆圧縮」のアルゴリズム① 画像圧縮編 ⋯⋯ **230**

5-1-3 「非可逆圧縮」のアルゴリズム② 音声圧縮編 ⋯⋯ **235**

5-1-4 「非可逆圧縮」のアルゴリズム③ 動画圧縮編 ⋯⋯ **241**

5-2 暗号化を体験してみよう ⋯⋯ **247**

5-2-1 暗号化の歴史と基本 ⋯⋯ **250**

5-2-2 暗号化アルゴリズム① 共通鍵暗号方式 ⋯⋯ **254**

5-2-3 暗号化アルゴリズム② 公開鍵暗号方式 ⋯⋯ **258**

5-3 デジタル証明書を見てみよう …… **262**

5-3-1 暗号化アルゴリズム③ ハイブリッド暗号方式 …… **264**

練習問題 …… **270**

Chapter 06
画像処理のアルゴリズムを見てみよう …… 271
～アルゴリズムの秘密③～

6-1 画像認識を体験してみよう …… **272**

6-1-1 一気に大衆化した画像処理技術 …… **274**

6-1-2 画像から目的のものを見つけるテンプレートマッチング …… **278**

6-1-3 画像から動きの方向を検出するオプティカルフロー …… **283**

練習問題 …… **288**

Chapter 07
機械学習とニューラルネットワーク …… 289
～アルゴリズムの新時代～

7-1 手書き文字認識プログラムを体験してみよう …… **290**

7-1-1 脳細胞の働きにヒントを得たニューラルネットワーク …… **292**

7-1-2 ニューラルネットワークの歴史と深層学習、機械学習 …… **296**

練習問題 …… **302**

CONTENTS

Appendix
その他の様々なアルゴリズム …… 303
～補講～

バックトラック法 …… **304**

ファジィ理論 …… **308**

遺伝的アルゴリズム …… **310**

INDEX …… **315**

CoffeeBreak コラム

アルゴリズムの語源 …… **016**

接客マニュアルもアルゴリズム？ …… **017**

バビロニアの開平法 …… **019**

階差機関と解析機関 …… **021**

数学的な視点でのアルゴリズム …… **022**

必ずギャンブルに勝てるアルゴリズム？ …… **027**

アルゴリズムの用語 …… **031**

どんな状況にも対応できますか？ …… **032**

OSの無限ループ判定 …… **046**

計算量を示す「O記法」…… **046**

SEO対策とアルゴリズム …… **055**

データの単位 …… **061**

プログラミング言語の配列 …… **063**

ドメイン名も木構造 …… **076**

アルゴリズムの天才、ドナルド・クヌース …… **097**

1990年当時の音声認識技術 …… **102**

RGBとCMYK …… **113**

グリニッジ子午線 …… **119**

GPSとGNSS …… **126**

データ構造のほうが面白い？ …… **141**

NIH症候群？ …… **145**

両方ください？ …… **160**

ノイマン型コンピュータ …… **161**

0～Nの整数値を求めるアルゴリズムのオーダー …… **165**

logと階乗 …… **165**

ピボットの決め方 …… **172**

FDIV問題 …… **190**

現れては消える「画期的な」圧縮アルゴリズム …… **234**

スマートフォンの声は機械合成音 …… **240**

固定ビットレートと可変ビットレート …… **246**

ケルクホフスの原理 …… **257**

人工生命 …… **314**

Chapter 01

アルゴリズムって何だろう
～ なぜアルゴリズムが必要なのか～

本章では、「アルゴリズムとは何か」ということを解説していきます。アルゴリズムと聞くと、何か難しいコンピュータ用語のように思う人もいるかもしれませんが、実はアルゴリズムは太古の昔から存在します。まずはアルゴリズムの「役割」を理解し、その歴史や全体像をつかむことから始めましょう。

やってみよう！

【1-1】
身近なアルゴリズムを体験してみよう

アルゴリズムとは一体何なのでしょう。また、アルゴリズムは何に役立つのでしょうか。そのことを理解するために、まずは身近なアルゴリズムを体験してみます。学生時代に行った「筆算」。実はこれも、アルゴリズムに基づいて構成されています。ここで簡単な筆算を行ってみましょう。

Step1 ▷ 簡単な筆算を行ってみよう

学生時代を思い出し、2桁同士の掛け算を筆算してみましょう。数字は何でも構いませんが、ここでは、「84×29」を筆算してみてください。

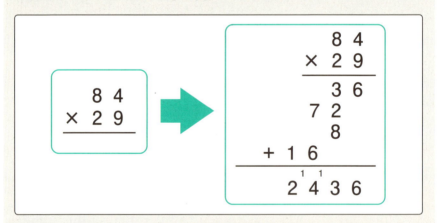

Step2 ▷ 筆算を行った手順を分解しよう

「84×29」を筆算すると、答えは「2436」になります。正しい答えを導き出せましたか？ 多くの人は、あまり手順を意識することなく機械的に計算をしたと思いますが、ここでは「どのような手順で筆算を行ったか」を分解してみてください。筆算の手順を分解すると、次のようになります。

1-1 身近なアルゴリズムを体験してみよう

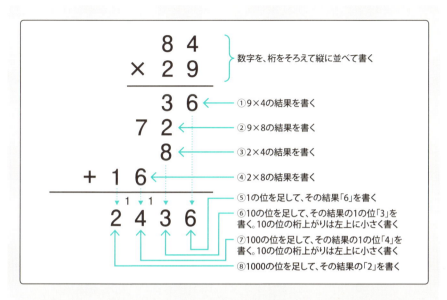

2桁の整数をそれぞれ「AB」、「CD」とすると、筆算の手順は次のように示すこともできます。この手順に従えば、どのような整数でも、正しい掛け算を行うことができます。実は、この手順こそがアルゴリズムといえるのです。

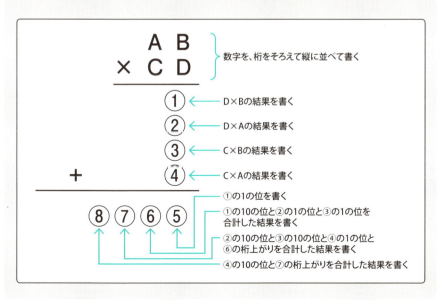

Step3 ▷別のアルゴリズムで筆算をしてみよう

Step1では、私たちが学校で習った筆算を行いましたが、インド式算術では、違うアルゴリズムで2桁同士の掛け算を行います。次にそのアルゴリズムを示すので、このアルゴリズムを用いて再度「84×29」を計算してみてください。異なるアルゴリズムを使用していますが、計算結果は同じです。

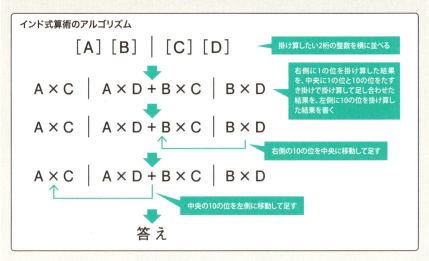

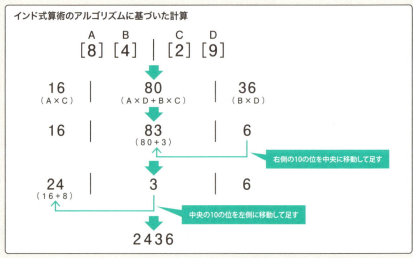

学ぼう！

(1-1-1)
アルゴリズムって何？

◇アルゴリズムは太古から存在する

みなさんは「プログラム」という言葉を耳にしたことがありますよね。なんとなく「コンピュータを動かすのに必要なもの」というイメージだと思います。

では、「アルゴリズム」という言葉はご存知でしょうか。「プログラム」ほどポピュラーな言葉ではないので、「聞いたことはあるけど、意味はよくわからない」という人が多いのではないでしょうか。

しかしこの「アルゴリズム」は、実は「プログラム」よりもずっと古くからあるものなのです。

「プログラム」はコンピュータの登場以降、つまり世界初の機械式コンピュータが発明された19世紀の中ごろから現れたものですが、対する「アルゴリズム」は、なんと「紀元前」から存在する概念です。

実際、紀元前3世紀ごろの数学者エウクレイデス（ユークリッド）によって編纂されたとされる数学書「原論（ユークリッド原論）」には、アルゴリズムについての記載があります（P.18参照）。

◇アルゴリズムは「問題を解く手順」

これほど歴史のあるアルゴリズムとは、一体どういうものでしょうか。簡単にいうと、アルゴリズムとは「問題を解くための手順」です。アルゴリズムを日本語に翻訳すると「算法」になりますが、「与えられた入力から必要な出力を得る方法を、明確に定義したもの」ともいえます。

冒頭の実習で掛け算の筆算を行いましたが、アルゴリズムを「問題を解くための手順」と考えるならば、筆算の手順はまさにアルゴリズムだといえます。このアルゴリズムに従って計算すれば、誰が行っても、どんな整数を使っても、同じ結果を得ることができるからです。

15

「問題を解くための手順」という意味では、料理のレシピもアルゴリズムの1つだといえるでしょう。料理のレシピには、必要な食材や使用する分量、具体的な調理の手順が記載されています。例えばカレーライスのレシピに従って調理すれば、誰が作っても似たようなカレーライスが完成します（図1）。カレーライスのレシピに従って料理したのに、ハンバーグが出来上がるということはありえません。

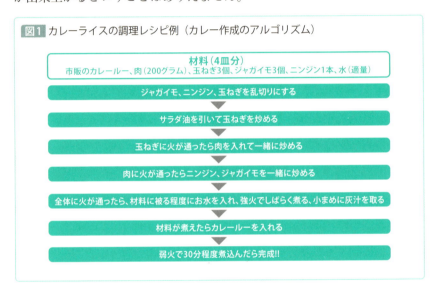

図1 カレーライスの調理レシピ例（カレー作成のアルゴリズム）

CoffeeBreak　アルゴリズムの語源

　アルゴリズムの語源は、8〜9世紀に活躍したアラビアの数学者フワーリズミーにあります。中央アジア西部に存在した都市ホラズム（アラビア語でフワーリズム）出身の数学者であるフワーリズミー（「ホラズム出身の人」を表す通称）は、著書「インド数字による計算法」で、アラビア数字をヨーロッパに伝えました。この書籍が12世紀にラテン語に翻訳されたときのタイトルが「Algoritmi de numero Indorum」です。ラテン語での彼の名前 Algoritmi（アルゴリトミ）が、アラビア数字による計算法を意味する普通名詞の「algorithm（アルゴリズム）」に転化したのです。

◈アルゴリズムとプログラムの違い

ITの世界では「プログラム」と「アルゴリズム」という単語が混同されがちですが、アルゴリズムはプログラムとはどう違うのでしょう。

アルゴリズムは、プログラムよりももっと抽象的な概念です。

アルゴリズムとは問題解決のための「作業手順そのもの」であり、その手順を実行する手段については基本的に言及されません。

しかし、実際に問題を解くためには、何らかの方法でアルゴリズムを実行しなくてはなりません。このアルゴリズムを実際に実行できる形に記述したものがプログラムです。

その昔、アルゴリズムを実行するのは人間でした。その時代においてのプログラムとは人間に対する「作業指示書」です。実習で図示した「筆算の手順」も、まさにこれに該当します。

やがて時代が流れ、機械式計算機が登場すると、プログラムは「歯車などの部品の配置」で表現されるようになりました。

そして最初期の電子計算機(コンピュータ)においては、「配線」によってプログラムが表現されるようになり、やがてコンピュータの性能が上がるにしたがって、今日のような「プログラミング言語」によるアルゴリズムの記述が行われるようになったのです。

CoffeeBreak　接客マニュアルもアルゴリズム?

「筆算の手法や料理のレシピも1つのアルゴリズムである」と述べた通り、正しいアルゴリズムに従えば、誰が作業をしても同じ結果を得ることができます。その意味でいうなら、大手ファミリーレストランやファストフード店の接客マニュアルもアルゴリズムの1つだといえるかもしれません。大手ファミリーレストランやファストフード店では、どのお店に入っても、同じような接客を受けることができます。これは、お店側でマニュアルが用意されているからです。このマニュアルがあることで、新米の店員であれベテランの店員であれ、同じようなサービスをお客に提供することができるわけです。

学ぼう！

〔1-1-2〕
アルゴリズム小史

◇アルゴリズムの発見

　書物として残っている最古のアルゴリズムは、前節でも触れた古代ギリシャの数学者ユークリッドの著書「原論」に書かれているアルゴリズムです。これは「ユークリッドの互除法（Euclidean Algorithm）」と呼ばれるもので、次の方法で2つの自然数の最大公約数を求めます。

①2つの自然数の大きいほうを被除数、小さいほうを除数とする
②両者を割り算する
③余りがゼロになったら、②の除数が最大公約数となる（終了）
④余りがゼロにならない場合、②の除数を被除数、余りを除数とする
⑤②に戻る（両者を割り算する）

　例えば、「315」と「133」の最大公約数をユークリッドの互除法で求めると、図2 のようになります。このアルゴリズムを用いれば、どんな2つの自然数であっても、両者の最大公約数を求めることができます。

図2 ユークリッドの互除法

315を133で割ると、余りは49

133を49で割ると、余りは35

49を35で割ると、余りは14

35を14で割ると、余りは7

14を❼で割ると、余りは❶　　「7」で割ると、余りがゼロになる

「315」と「133」の最大公約数は「7」である

18

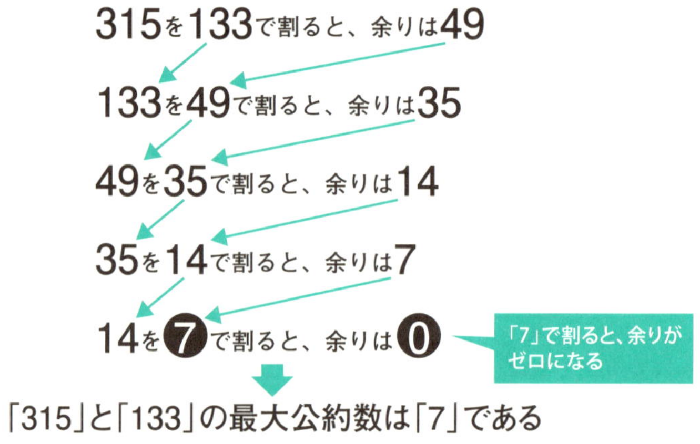

◆コンピュータ以前のアルゴリズム

　アルゴリズムは処理手順そのものであり、それを実行する手段とは基本的に無関係です。よって、どんな複雑なアルゴリズムでも、原理的には人手で実行することができます。

　ユークリッドの互除法以外にも、例えば古代ギリシャ時代にはすでに人手でのアルゴリズム実行により三角関数表が作成されています。

CoffeeBreak　バビロニアの開平法

　「バビロンの粘土板（YBC7289）」と呼ばれる、有名な粘土板があります。この粘土板は紀元前1900年ごろのものと考えられていますが、そこには正方形と対角線が描かれ、楔形文字で「30」「1 24 51 10」「42 25 35」という3つの数が記されていました（図A）。バビロン王朝では60進法が使われていたので、「1 24 51 10」を10進数に変換すると「1.41421297」になります。この値は、$\sqrt{2}$に近い値です。また、「42 25 35」を10進数に変換すると「42.42389」になりますが、この値は$30\sqrt{2}$に近い値です。つまり、バビロニア人は、正方形の対角線が一辺の長さの$\sqrt{2}$倍になることを知っており、平方根の近似値を求めるアルゴリズムを使っていたと考えられています。バビロニア人がどのような方法でこのような精緻な値を算出したのかはわかっていませんが、これも紀元前にはすでにアルゴリズムが存在していたことを示す一例です。なお、このアルゴリズムのことを「バビロニアの開平法」といいます。

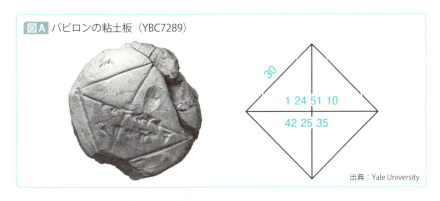

図A　バビロンの粘土板（YBC7289）

出典：Yale University

また、科学技術計算に不可欠な対数表は、対数の考案者の1人であるネイピア（John Napier、1550 ～ 1617）の手により、20年の歳月をかけて作成されました。これも人手による大規模なアルゴリズム実行の代表例です。20世紀に入ってからは、ニューディール政策下のアメリカにおいて、雇用創出事業の一環として数表作成プロジェクトが実施されました。このプロジェクトでは450名の失業した事務員を雇用し、数学で必要となる各種の数表（べき乗、対数など）を作成しました。

　また、第二次世界大戦中にはドイツ軍の用いるエニグマ暗号を解読するため、イギリスのブレッチリー・パークというところに多くの暗号解読者が集められました。彼らは日々膨大なアルゴリズムを手動で実行して、非常に強固なエニグマ暗号の解読に挑んでいたということです。

◇コンピュータの登場とアルゴリズムの発展

　このように、原理的には人手によるアルゴリズム実行は可能ではありますが、実行速度や正確性においてどうしても超えられない限界が存在したため、アルゴリズムを正確かつ高速に実行する機械の登場が待たれていました。そして19世紀には、チャールズ・バベッジ（Charles Babbage、1791 ～ 1871）により構想された「階差機関」をはじめとする、歯車などの機構部品を用いた機械式計算機が登場します。

　その後20世紀に入り、ABC（Atanasoff-Berry Computer）やENIAC（Electronic Numerical Integrator and Computer）などの電子計算機、すなわちコンピュータが登場したことにより、ついに人類は強力なアルゴリズム実行機械を手に入れました。

　コンピュータの登場により、アルゴリズムの世界は一変します。それまで考案はされていても、現実的な実行手段がなかったアルゴリズムがコンピュータプログラムという形で実現され、次々に実行されていきました。

　ENIACをはじめとするコンピュータはそれまでの機械式計算機の1000倍もの計算速度を叩き出し、まさに「桁違い」のアルゴリズム実行能力を示しました。

1-1-2　アルゴリズム小史

CoffeeBreak　階差機関と解析機関

　階差機関（difference engine）は、バベッジが考案した機械式の計算機です。図Bのように、ブロックを1段ずつ積み上げていくと、隣り合ったブロックとの差（第1階差）は「2、3、4、5、6……」のように増えます。さらに隣の第1階差との差（第2階差）は「1、1、1、1、1…」で不変です。階差機関ではこの性質を利用し、クランクを回して歯車を回転させることで足し算や引き算を行うものでした。

　一方、解析機関（analytical engine）は、同じくバベッジが考案した、蒸気機関を動力とする機械式の計算機です。解析機関はパンチカードを読み取る入力装置、計算結果を印刷する出力装置、演算装置、記憶装置から構成されています。これは現在のデジタルコンピュータと同じ構成です。解析機関は四則演算（＋、－、×、÷）や平方根の計算をすることができました。

　残念ながら、階差機関も解析機関もバベッジの存命中に完成させることはできませんでしたが、20世紀になって復刻され、ほとんどバベッジの図面通りで動作することが確認されています。

図B　階差のイメージ

ブロックの段数	1	2	3	4	5
ブロック数	1	3	6	10	15
隣のブロック数との差 （第1階差）	2	3	4	5	6
隣の第1階差との差 （第2階差）	1	1	1	1	1

◇アルゴリズムの「考案」と「実行」の違い

　アルゴリズムは、実行者が解釈を差し挟む余地のない明快な手順であり、それゆえに「知性を持たない」コンピュータにより機械的に実行すること

ができます。コンピュータはアルゴリズムの実行の際に、そのアルゴリズムの意味など全く気にすることはなく、ただ淡々と正確に手順をこなすだけです。これが人間とコンピュータの大きな違いです。

　算数が苦手な人は、この「意味を考えずに淡々と正確に手順をこなす」というところに反発を覚えるものです。例えば「どうして分数の割り算は、分母と分子をひっくり返して掛け算にするのか」ということに思い悩んだりした経験はないでしょうか。

　まさにここがアルゴリズムの肝です。正しいアルゴリズムを作る人は「なぜそれでうまくいくのか」「どんな場合でもうまくいくのか」など多くのことを考えなくてはなりませんが、一旦アルゴリズムができてしまうと、それを使う人（あるいはそれを使う機械）は、ただただ手順をこなしていけばいいのです。

　意味はわからないけど、教えられた手順を正確にこなしていけばいつかは正解にたどり着けるもの、それがアルゴリズムなのです。

CoffeeBreak　数学的な視点でのアルゴリズム

　1930年代に、クルト・ゲーデル（Kurt Godel、1906 ～ 1978）、アラン・マシソン・チューリング（Alan Mathison Turing、1912 ～ 1954）、アロンゾ・チャーチ（Alonzo Church、1903 ～ 1995）、スティーブン・コール・クリーネ（Stephen Cole Kleene、1909 ～ 1994）らの数学者たちは、「計算」の可能性について、様々な数学的提案をしました。それらの提案が計算可能性理論の基礎になっています。計算可能性理論とは、コンピュータで計算できること、できないことを明確化するなど、コンピュータの動作の普遍的な原理に関する数学理論です。

　「計算可能である」とは、すなわち「問題を解くアルゴリズムが存在する」ことを意味します。逆にいえば、アルゴリズムが存在しない場合、その問題は計算不可能である、もしくは決定不能であるということです。計算可能性理論では、計算可能なものを計算する手続きのことをアルゴリズムと呼んでいます。

◆ 21世紀のアルゴリズム

21世紀の現在は、20世紀のコンピュータの利用とは様相が異なっています。

無人自動車や高性能ロボットなどに使われる人工知能、インターネットを利用した安全な商取引や選挙の投票、最新のスーパーコンピュータを利用しても莫大な時間がかかるような問題の解決など、プログラムを作成するうえではより高度なアルゴリズムが必要になってきました。

ここでは、最近注目されつつある代表的なアルゴリズムをいくつか紹介しておきましょう。

機械学習

「コンピュータに知能を持たせよう」という試みが人工知能（artificial intelligence、AI）ですが、現在は第3次人工知能ブームといわれています。

1950年代の第1次人工知能ブームでは、チェスを指すコンピュータの開発や、数学の定理証明をすることが人工知能であると考えられていました。一方、1980年代の第2次人工知能ブームでは、人間の専門家の意思決定能力をコンピュータで実現するエキスパートシステムの開発が中心でした。

そして現在の第3次人工知能ブームでは、機械学習（machine learning）が主流となっています（P.296参照）。機械学習とは、明示的にプログラムせずにコンピュータに学習する能力を与える方法です。機械学習のアルゴリズムは、証券市場の分析、音声認識や手書き文字認識、クレジットカード詐欺の発見、健康状態や病気の診断などで応用されています。

ゼロ知識証明

インターネットで利用される仮想的な通貨に「ビットコイン（Bitcoin）」があります。ビットコインのシステムでは、通貨の発行や取引の詳細情報は全て公開され、記録されるため、通貨の偽造や二重払いなどを防止できる革新的なサービスとして注目を集めています。

一方で、ビットコインは「いつ、どこで、何に、いくら使ったのか」が全て可視化されます。そこで、ビットコインの特性は活かしつつ、秘匿性を保ちたいというニーズから脚光を浴びているのが、Zcash（ジーキャッシュ）という暗号通貨です。

Zcashはゼロ知識証明（zero-knowledge proof）というアルゴリズムによって、完全な匿名性を保つことができます。ゼロ知識証明のアルゴリズムを用いれば、相手に自分の情報を伝えずに、自分がそれを知っているという事実のみを伝えることができます。このような特性から、誰が投票したのかを秘匿するために、選挙の電子投票でも使われています。

遺伝的アルゴリズム

最短経路を求める代表的な問題に巡回セールスマン問題（traveling salesman problem、TSP）があります。これは、セールスマンが複数の都市を1回ずつ訪れた場合、全ての都市を巡回する場合の最短経路を求める問題です。数都市ならばよいのですが、数十都市や数百都市になると、全ての経路を調べるアルゴリズムは、解決するまで時間がかかりすぎて実用的ではありません。このような問題の解決に有効とされるのが、遺伝的アルゴリズム（genetic algorithm、GA）です（P.310参照）。

遺伝的アルゴリズムは、生物の進化をモデルとして、理想的な答えを発見するアルゴリズムです。新幹線N700系電車のエアロ・ダブルウィング（先頭車ノーズ部分の形状）も、遺伝的アルゴリズムを利用して設計されたそうです。

遺伝的アルゴリズムを巡回セールスマン問題に利用する場合、都市名を「遺伝子」とし、訪れる順に都市名を列挙した文字列を「染色体」として最短経路を求めます。

ちなみに、人間の親から子へ遺伝子が受け継がれるときに、約60のエラーが発生して完璧にコピーされないことが知られています。それと同様に、遺伝的アルゴリズムで導き出された答えも完璧でない場合があるのですが、他のアルゴリズムでは時間がかかりすぎるような問題を短時間で解決できることから、有効なアルゴリズムとして活用されています。

[1-2]
アルゴリズムを考えてみよう

実際に簡単なアルゴリズムを考えて、アルゴリズムの「感覚」をつかんでみましょう。ここでは、フランスの数学者エドゥアール・リュカ教授（François Édouard Anatole Lucas、1842～1891）が考案した「ハノイの塔（Tower of Hanoi）」という有名なパズルを用いて、アルゴリズムを考えてみます[*]。

Step1 ▷ハノイの塔でアルゴリズムを考えよう

ハノイの塔は、3本の杭と、中央に穴が開いた複数の円盤で構成されます。また、円盤の大きさはそれぞれ異なります。最初の状態では左の杭に、大きい円盤から順番に積み上げられています。ここでは3枚の円盤を、右側の杭に「最短で」移動するアルゴリズムを考えてみてください。なお、円盤は1回に1枚移動できますが、小さな円盤に大きな円盤を積むことはできません。また、円盤の枚数をn枚とすると、最短で2^n-1回の移動で完成できます。ここでは円盤3枚ですから、2^3-1で、「7回」の移動で全ての円盤を右側の杭に移せることになります。

---

[*] 実際にシミュレーションできるサンプルファイルも準備しています。サンプルファイルは以下のWebサイトからダウンロードしてください。
http://www.shoeisha.co.jp/book/download/9784798145280

Step2 ▷ 正解を見てみよう

いかがでしょうか。7回で全ての円盤を移動できる順番を見つけられたら、それが正しいアルゴリズムということになります。ここでは、正解を見てみましょう。

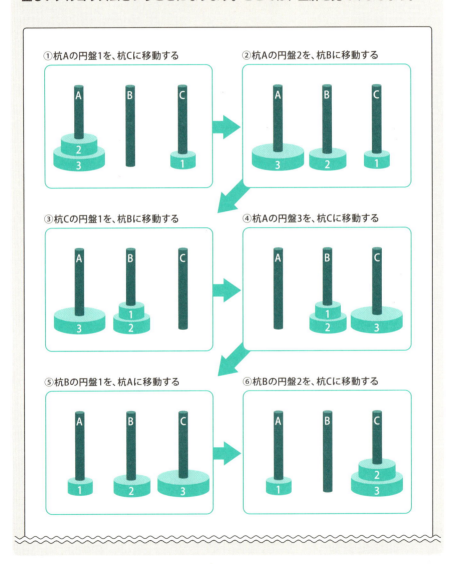

1-2 アルゴリズムを考えてみよう

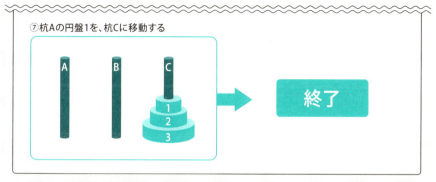

ここで紹介した正解の手順に従えば、誰が行っても同じように、7回の移動で全ての円盤を右側の杭に移すことができます。手順をプログラミング言語で記述すれば、同じ作業をコンピュータに実施させることも可能です。つまり、この手順はアルゴリズムの条件を満たしているといえるのです。

CoffeeBreak　必ずギャンブルに勝てるアルゴリズム？

　みなさんは、「ギャンブルに絶対勝てるアルゴリズムがある」と聞いたら信じますか？「マーチンゲール法」と呼ばれる有名なギャンブル必勝法があります。やり方は簡単。配当が2倍のギャンブルにおいて、負けるたびに掛け金を倍増していけば、最後は必ず儲かる、というものです。例えば100円からゲームを始めて、200円、400円、800円を賭けて連続して負けたとします。でも、次の1600円を賭けて当たれば、3200円が返ってきます。ここまでの損失は「100円＋200円＋400円＋800円＋1600」の「3100円」なので、100円儲かることになります。このようにマーチンゲール法は、何連敗したとしても、1回当たればそれまでの負けを全て取り戻すことができる、夢のようなギャンブル必勝法です。……しかし、ここまでの解説で疑問に思った人がいるでしょう。掛け金100円でスタートした場合、10回負け続けると損失は10万2300円、20回負け続けると損失は1億485万7500円です。1度も勝てなかったらこれらは全て丸損、もし最後に勝っても、儲かるのは実は100円だけですから、割に合いません。やはり「必ずギャンブルに勝てるアルゴリズム」など存在しないということでしょう。

[1-2-1]
アルゴリズムが満たすべき条件①
汎用性、正当性、決定性

◇ アルゴリズムの要件① 汎用性

　アルゴリズムとは「問題を解くための手順」であると解説しましたが、単に処理手順を日本語やプログラミング言語で書き出せばそれがアルゴリズムといえるかといえば、そうではありません。

　正しいアルゴリズムは、いくつかの要件を満たしている必要があります。まず大前提として、「作業者によらず、またどんな環境でも同じ結果が得られる」という点を考慮しなければなりません。

　例えばP.16で、 図3 のような「料理のレシピ」もアルゴリズムの1つであると述べました。しかし厳密にいえば、一般的な料理のレシピはアルゴリズムとはいえません。一例を挙げれば、「玉ねぎに火が通ったら」「肉に火が通ったら」「全体に火が通ったら」などという記述がありますが、「火が通る」ということの定義は作業者によって異なりますよね。ある程度食

図3 カレーライスの調理レシピ例

材の色が変わったら「火が通った」と考える人もいれば、食材の色が完全に変わるまで炒めてはじめて「火が通った」と考える人もいるでしょう。

このように、作業者によって解釈の余地がある場合、それはアルゴリズムとはいえないのです。

作業者が誰であっても（たとえそれが機械であっても）、またどんな環境であっても同じ結果が得られること、つまり「汎用性」があって、はじめてそれは正しいアルゴリズムだといえるのです[*1]。

◆アルゴリズムの要件② 正当性

「与えられた課題」に対して「正しい結果（=出力）」が得られること、つまり「正当性」も、重要なアルゴリズムの要件です。

図4は、動物の絵を入力すると動物の名前を判定して出力するアルゴリズムの動作イメージです。1つ目のパンダと2つ目のライオンは正しい結果ですが、3つ目のパンダはおかしいですね。つまり、このアルゴリズムには何らかの不備があり、正当性が損なわれていることです。

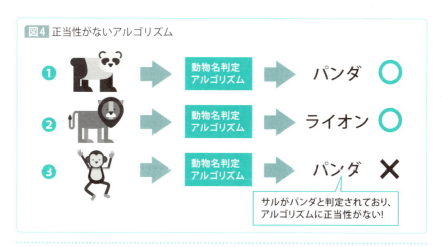

図4 正当性がないアルゴリズム

[*1] 外食チェーンは、徹底的なマニュアル化と調理器具の規格統一などで、できるだけ作業者に左右されないレシピを確立しています。ここまで突き詰めれば、レシピもアルゴリズムといえるかもしれません。

与えられた課題に対して、常に正しい結果が得られなければ、それは正しいアルゴリズムとはいえません。

◇アルゴリズムの要件③ 決定性

アルゴリズムは、同じ入力に対しては、必ず同じ結果をもたらさなければなりません。同じ入力をしても、異なる結果が出るようであれば、それはアルゴリズムとはいえません。

図5を見てください。これは、身長と体重を入力するとBMI（Body Math Index）値を計算し、その値によって肥満度を出力するアルゴリズムの動作イメージです[*2]。

1つ目と3つ目の例で、同じ身長と体重（175センチ、82キロ）を入力していますが、結果が異なっています。同じ入力に対して異なる結果が出るのは、アルゴリズムの「決定性」がないということです（「決定性」は「一意性」ともいいます）。つまり、これも正しいアルゴリズムとはいえないということになります。

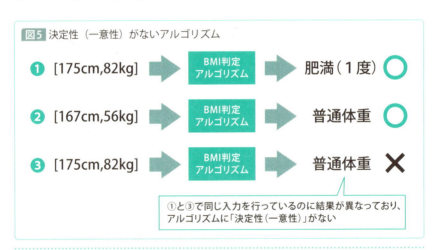

[*2] BMI値は「体重kg÷（身長m×身長m）」で求めることができ、結果が18.5未満なら「低体重」、18.5～25未満なら「普通体重」、25～30未満なら「肥満（1度）」、30～35未満なら「肥満（2度）」というように、目安が定められています。

1-2-1 アルゴリズムが満たすべき条件① 汎用性、正当性、決定性

CoffeeBreak　アルゴリズムの用語

　アルゴリズムを作成するために必要になる用語をまとめました。覚えておきましょう。

問題

　「問題」は、アルゴリズムで解決したい内容です。「課題」ともいいます。ITシステムの設計では「要求」や「要件」と表現されます。

プログラム

　「プログラム」は、アルゴリズムをコンピュータで実行するために、プログラミング言語で書き表したものです。アルゴリズムは「概念」であり、プログラムは「それを具体化したもの」といえます。

入力

　「入力」は、アルゴリズムの処理対象となるデータです。プログラムでは、キーボード、タッチパネル、マウス、ファイル、サーバなどから与えられます。

出力

　「出力」は、アルゴリズムを実行することで得られる結果です。プログラムにおいては、出力はディスプレイ、プリンタ、スピーカーなどでユーザーに伝えられます。

ステップ

　「ステップ」はアルゴリズムを構成する手順です。1つの手順を「1ステップ」といいます。複雑なアルゴリズムや時間のかかるアルゴリズムではステップ数が多くなります。

最適化

　「最適化」とは、アルゴリズムを工夫することで、効率よく処理ができるようにして、ステップ数や処理時間を減らすことです。

31

CoffeeBreak　どんな状況にも対応できますか？

　アルゴリズムの汎用性、正当性、決定性について紹介しましたが、別の言い方をすると、アルゴリズムは「どんな状況にも対応できること（正しい結果を導き出せること）」が大事だといえます。例えば、数値が記載されたカードの山から、最も数値が多いカードを見つけ出すゲームを行うとします。カードを見つけ出すためには、「暫定結果置き場」「カード捨て場」を利用することができます。

　まず、次のアルゴリズムで考えてみましょう。

◎**アルゴリズム1**

1. 山から1枚カードを取る
2.1. 暫定結果置き場にカードがない場合
　2.1.1. 取ったカードを暫定結果置き場に置く
2.2. 暫定結果置き場にカードがある場合、そのカードと取ったカードの数値を
　　 比較する
　2.2.1. 取ったカードのほうが数値が大きい場合
　　2.2.1.1. 暫定結果置き場のカードを捨てる
　　2.2.1.2. 取ったカードを代わりに暫定結果置き場に置く
　2.2.2. 取ったカードのほうが数値が小さい場合
　　2.2.2.1. 取ったカードを捨てる
3.1. 山にカードが残っているなら1に戻る
3.2. 山にカードが残っていないなら4に進む
4. 暫定結果置き場に置かれたカードが最大数値に決定
5. 終了

　カードの数値が「A.62」「B.48」「C.49」「D.81」「E.85」だとすると、アルゴリズム1を実行することで、正しく「E.85」のカードを見つけ出すことができるはずです。

1-2-1 アルゴリズムが満たすべき条件① 汎用性、正当性、決定性

では、「A.55」「B.72」「C.61」「D.72」「E.90」だったとしたらどうでしょう。この場合、最も大きな数値である「E.90」のカードを選ぶことはできません。なぜなら、同じ「72」というカードが2枚あるからです。

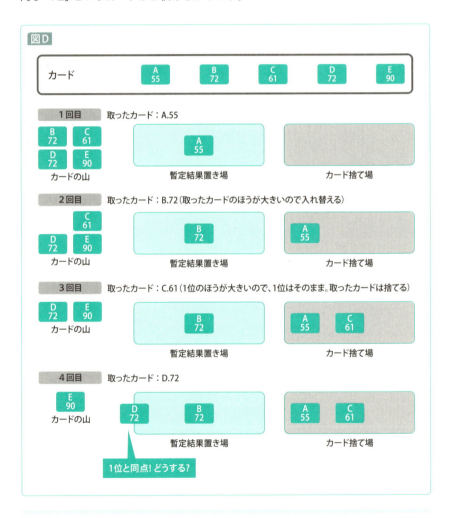

アルゴリズム1では、「取ったカードのほうが数値が大きければ、1位のカードを捨て、今取ったカードを代わりに置く」「取ったカードのほうが数値が小さければ、取ったカードは捨てる」となっていますが、取ったカードと1位のカードが同じ場合については何も定められていません。手順に定められていないことを作業者が勝手に判断するわけにはいかないので、処理は4回目にして行き詰まってしまいます。

これは明らかに手順の不備です。つまり、「同じ数字のカードが複数枚ある」という点がことが考慮されていなかったのです。「そこは作業者が常識を働かせて進めてよ」というわけにはいきません。どんなカードの並びになっていても作業が続行できるようになっていなければ、アルゴリズムとして失格です。

では、続いて次のアルゴリズムで実行してみましょう。

◎アルゴリズム2

1. 山から1枚カードを取る
2.1. 暫定結果置き場にカードがない場合
  2.1.1. 取ったカードを暫定結果置き場に置く
2.2. 暫定結果置き場にカードがある場合、そのカードと取ったカードの数値を比較する
  2.2.1. 取ったカードが「同点以上」の場合
    2.2.1.1. 暫定結果置き場のカードを捨てる
    2.2.1.2. 取ったカードを代わりに暫定結果置き場に置く
  2.2.2. 取ったカードのほうが数値が小さい場合
    2.2.2.1. 取ったカードを捨てる
3.1. 山にカードが残っているなら1に戻る
3.2. 山にカードが残っていないなら4に進む
4. 暫定結果置き場に置かれたカードが最大数値に決定
5. 終了

このアルゴリズムには、「取ったカードが同点以上の場合、暫定結果置き場のカードを捨てる」という項目が追加されており、同点ならば1位を置き換えるようになっ

ています。カードが次のような並びなら、最終的に「D.72」が1位という結果が出ます（図E）。このアルゴリズムなら、最後まで手順を遂行できます。

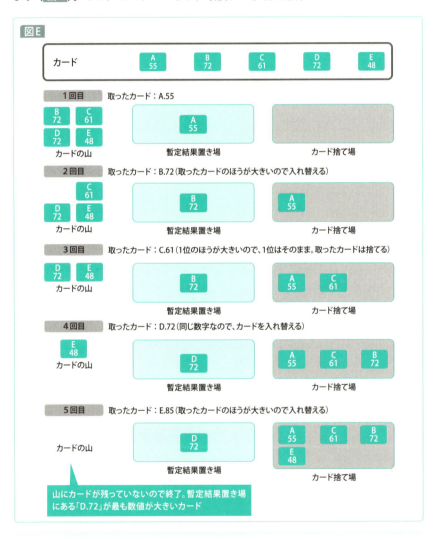

ただ、このアルゴリズムにも問題はあります。このゲームは「最も数値が多いカードを見つけ出すこと」ですが、最終的に残ったカードは「D.72」だけです。しかし本来ならば、同数である「B.72」も残っていなければなりません。

「B.72」も残すためには、アルゴリズムを次のように改良しなくてはなりません。

◎アルゴリズム3

1. 山から1枚カードを取る
2.1. 暫定結果置き場にカードがない場合
  2.1.1. 取ったカードを暫定結果置き場に置く
2.2. 暫定結果置き場にカードがある場合、そのカードと取ったカードの
    数値を比較する
  2.2.1. 取ったカードのほうが数値が大きい場合
    2.2.1.1. 暫定結果置き場の「全ての」カードを捨て、今取ったカードを
        代わりに置く
  2.2.2. 取ったカードが同点の場合
    2.2.2.1. 暫定結果置き場に今取ったカードを重ねる
    2.2.2.2. 取ったカードを代わりに暫定結果置き場に置く
  2.2.3. 取ったカードのほうが数値が小さい場合
    2.2.3.1. 取ったカードを捨てる
3. 山にカードが残っているなら1に戻る
4. 暫定結果置き場に置かれたカードが最大数値に決定
5. 終了

このアルゴリズムであれば、「B.72」と「D.72」のカードを両方残すことができ、1位のカードが複数枚ある場合にも対応できます。

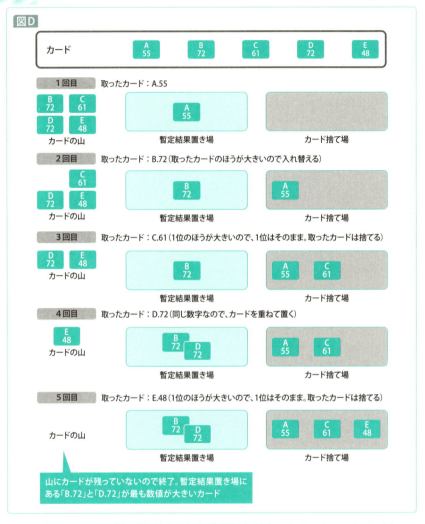

図D

　このように、アルゴリズムは「どんな状況にも対応できること」、今回の例でいえば「どんなカードの並びにも対応すること」が重要になるのです[*3]。

[*3] 「どんな状況にも対応できる」といっても、例えば「カードが汚れて読み取れない」などは「通常起き得ない事象」としてアルゴリズムの考慮から外すことが一般的です。このようなイレギュラーな事象は、その発生頻度によって、無視するか、あるいは例外処理という別の仕組みで対処することになります。

やってみよう！

【1-3】
永久に止まらないアルゴリズムを体験してみよう

アルゴリズムが満たすべき条件の1つに、「有限である」ということがあります。無限に繰り返す手順は、問題を解決できないことになるからです。では、「永久に止まらないアルゴリズム」とはどういうことでしょうか。実はこれも、「筆算」で考えるとわかりやすいです。さっそく試してみましょう。

Step1 ▷ 筆算で割り算をしてみよう（有限の場合）

学生時代を思い出し、割り算の筆算を行いましょう。ここでは、「852÷71」を筆算してみましょう。

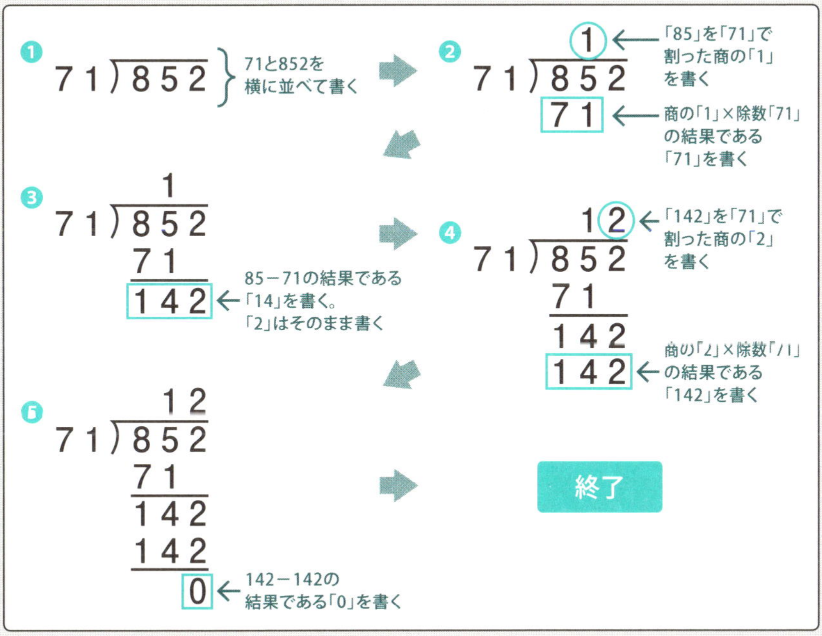

❶ 71) 852　71と852を横に並べて書く

❷ 71) 852　「85」を「71」で割った商の「1」を書く
　商の「1」×除数「71」の結果である「71」を書く

❸ 71) 852　1
　71
　142　85−71の結果である「14」を書く。「2」はそのまま書く

❹ 71) 852　12　「142」を「71」で割った商の「2」を書く
　71
　142
　142　商の「2」×除数「71」の結果である「142」を書く

❺ 71) 852　12
　71
　142
　142
　0　142−142の結果である「0」を書く

終了

39

Step2 ▷ 筆算で割り算をしてみよう（無限の場合）

次に、別の数値で割り算をしてみましょう。ここでは、「11÷3」を筆算してみてください。

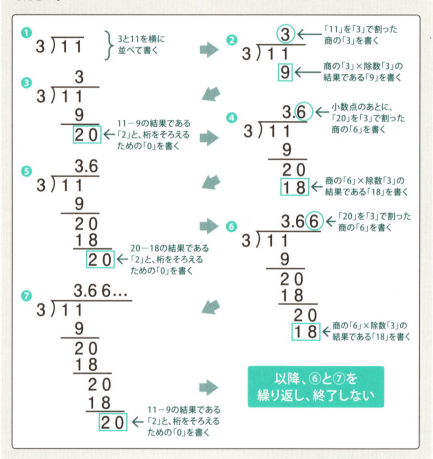

「11÷3」は割り切れないため、筆算をすると同じ手順を繰り返すことになります。つまり、いつまで経っても問題が解決しません。これは、「11÷3」を解決するには、この筆算のアルゴリズムでは不十分だということです。よって、例えば「小数点以下n桁になった時点で終了する（結果はn＋1桁を四捨五入する）」というように、終了する条件をアルゴリズムに加える必要があります。

【1-3-1】
アルゴリズムが満たすべき条件②
有限性と停止性

◇アルゴリズムの条件④ 有限性

　アルゴリズムは有限でなくてはなりません。停止しないアルゴリズムは結果が出力できない、すなわち「問題を解決できない」ということになるからです。ステップが無限ループ(無限に繰り返す状態)になるような場合、それは正しいアルゴリズムとはいえません。

　例えば 図6 は、納豆かけご飯を作るアルゴリズムです。ただ、4番目のステップで「よく混ざっていなければ❸に戻る」とありますが、このアルゴリズムでは「よく混ざっていること」の判断基準が定められていません。判断基準が曖昧だと、❸と❹のステップを無限に繰り返してしまい、いつまで経っても納豆かけご飯は完成しません。

　わかりやすく納豆かけご飯の例を示しましたが、このような例は実際のプログラミングの世界でもよくあることです。

図6 納豆かけご飯を作るアルゴリズム

❶ 納豆に醤油を5ミリリットル入れる

❷ 納豆にからしを2グラム入れる

❸ 1回かき混ぜる

❹ よく混ざっていなければ❸に戻る

❺ 納豆をご飯にかける

「よく混ざっていること」判断基準が定義がされていないので、❸と❹を際限なく繰り返す恐れがある

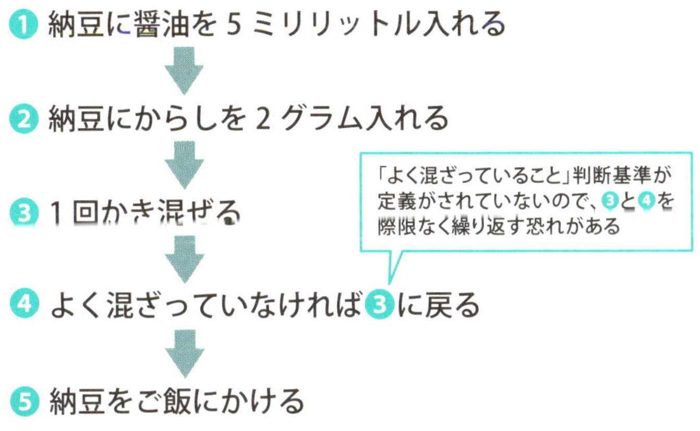

◆アルゴリズムの条件⑤ 停止性

　無限ループではなかったとしても、アルゴリズムはいつかは停止する必要があります。では、「アルゴリズムが停止するかどうか」を判定するアルゴリズムを作ることはできないのでしょうか。結論からいうと、そのようなアルゴリズムを作ることはできません。一体なぜでしょう。

　仮に「アルゴリズムの停止判定」を行うアルゴリズムを作ることが「可能」だと仮定しましょう。図7を見てください。

　Hは、停止判定アルゴリズムです。入力されたアルゴリズムAが「停止する」と判断した場合には、Hは停止します。アルゴリズムAが「停止する」と判断されない場合は「停止しない」ことになるので、「停止しない」と判断してHは停止します。

　「停止判定アルゴリズム」を作ることができるならば、Hのような働きをさせることが可能なはずです。

　ここで考えてみてください。このアルゴリズム停止判定アルゴリズムに、H自身を入力したらどうなるのでしょう。停止判定アルゴリズムHが「停止しない」場合に、「停止しない」と判断して停止します。つまり「停止しない」はずなのに停止してしまいます（図8）。ここに矛盾が生じるわけです。

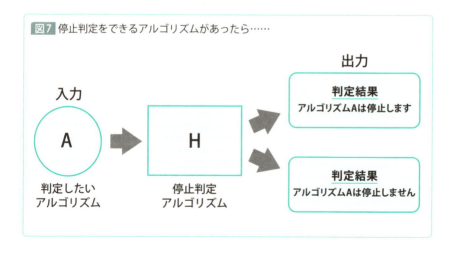

図7 停止判定をできるアルゴリズムがあったら……

1-3-1 アルゴリズムが満たすべき条件② 有限性と停止性

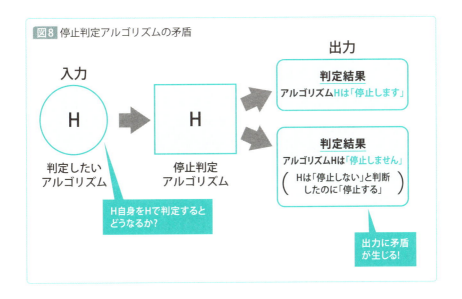

 このような理由から、「アルゴリズム停止判定アルゴリズム」は作れないことがわかるのです[*4]。

◇アルゴリズムの実行時間

 アルゴリズムが有限性を満たす場合でも、実行に時間がかかりすぎると現実には役に立たないことがあります。例えば、「明日の天気」を確実に予想できるアルゴリズムを作ることができたとしても、実行に1週間かかるようでは意味がありませんよね。アルゴリズムは、現実的な時間で終了する必要があります。
 なお、アルゴリズムの実行時間を判断するために、「計算量」という指標を使うことがあります。
 計算量には、厳密には「時間計算量」と「空間計算量」にわかれます。時間

[*4] 正確には、アルゴリズムの入力にアルゴリズム自身を入力することは「無限に連鎖する」ことになってしまうという別の問題もはらんでいます。

図9 アルゴリズム実行時間の判断基準

アルゴリズムの計算量

||

ステップ数
（いくつのステップ数で終了するか?）

計算量は、文字通り「どれだけの処理時間が必要なのか」を表すものです。一方で空間計算量は、「どれほどの記憶容量（メモリ）」が必要なのかを表します。

　多くの場合、「計算量」とだけ表記される場合、時間計算量のことを表します。ただ、計算量（時間計算量）は、単純に「10秒かかる」というように、「実行に必要な時間」で表すわけではありません。なぜなら、この「10秒」という処理時間は、実行環境に依存するからです。ある特定のコンピュータで処理すれば10秒で済んだとしても、性能の異なる別のコンピュータで処理すれば20秒かかるかもしれませんし、もっと短く5秒で済むかもしれません。

　そこで、計算量はステップ数（命令数）を基準とします。あるステップを実行するための時間がコンピュータによって異なるとしても、ステップ数は変わらないからです。

◇組み合わせ爆発って何？

　処理するデータの組み合わせが膨大になってしまい、「ステップ数」が多くなりすぎることがあります。これを「組み合わせ爆発」といいます。

　例えばP.24で、セールスマンが複数の都市を1回ずつ訪れた場合、全ての都市の最短経路を求める「巡回セールスマン問題」を紹介しました。

　セールスマンが訪れる都市数が5〜6個程度であれば組み合わせの数も少なくて済みますが、仮に日本の47都道府県の県庁所在地を1回ずつ訪

1-3-1　アルゴリズムが満たすべき条件② 有限性と停止性

図10 都市数と経路数の関係

訪れる都市数	経路数
4	3
5	12
6	60
7	360
8	2520
9	20160
10	181440
20	6.1×10^{16}
30	4.4×10^{30}
40	1.0×10^{46}
47	2.8×10^{57}

れる場合、経路数は「2.8×10^{57}」通りにのぼり、この中から最短経路を見つけ出さなくてはなりません（図10）。

　全ての経路を比較する場合、1秒間に1億個の経路を検証できるスーパーコンピュータで検証しても、約8.5×10^{41}年かかる計算になります。これは宇宙の年齢のおよそ10^{32}倍の時間です。

　「実行に時間がかかりすぎるアルゴリズムは、現実には役に立たない」と述べましたが、これはその最たる例といえるでしょう。

　よって、組み合わせ爆発が起こるような場合は、現実的な時間内で問題を解決するために、別のアルゴリズムを使わなくてはなりません（P.24で紹介した「遺伝的アルゴリズム」など）。

◇アルゴリズムのまとめ

　ここまで、アルゴリズムが満たすべき条件を解説してきました。「汎用性」「正当性」「決定性」「有限性」「停止性」を満たし、かつ「現実的な時間で終了する」アルゴリズムが、正しく、かつ実際に役立つアルゴリズムということになります。

45

CoffeeBreak　OSの無限ループ判定

「アルゴリズムが停止するかどうか」を判定するアルゴリズムは作れないと述べましたが、PCやスマートフォンでアプリケーション（プログラム）を実行していると、「プログラムが応答しません」というようなエラー画面が表示されることがあります。これは、プログラムが停止しないことを判断している、すなわち「停止性問題を解決している」ことを示すのでしょうか。

残念ながら違います。実はこれは、OSがアプリケーション（プログラム）の実行に時間がかかっていることを検知し、「無限ループなどの異常が起きているのではないか」と推測して、エラーメッセージを表示しているだけです。

CoffeeBreak　計算量を示す「O記法」

アルゴリズムの計算量は、一般には「O記法（オーダー記法、オー記法、ビッグオー記法などと読みます）」と呼ばれる方法で表します。この方法では、計算量を、$O(n)$ や $O(n^2)$ のような形式で記述します。例えば下図においては、一般的には上にあるO記法のほうが計算量が小さい、すなわち効率的なアルゴリズムということになります。O記法については、P.162も参照してください。

記法	説明
$O(n)$	データ数がnのとき、ステップ数がデータ数に比例することを意味する
$O(\log n)$	データ数がnのとき、2をステップ数乗した値の定数倍がステップ数になることを意味する
$O(n \log n)$	ステップ数がn対数に比例することを意味する
$O(n^2)$	ステップ数データ数の2乗に比例することを意味する
$O(2^n)$	ステップ数が2のn乗に比例することを意味する

1-3-1　アルゴリズムが満たすべき条件② 有限性と停止性

第1章のまとめ

- アルゴリズムは「問題を解くための手順」である

- アルゴリズムは「与えられた入力から必要な出力を得る方法を、簡単な操作や手順を組み合わせて明確に定義したもの」である

- プログラムは「プログラミング言語で書かれたアルゴリズムの作業指示書」であり、アルゴリズムそのものではない

- 必要な結果を得るためのアルゴリズムは1つだけではない

- アルゴリズムは、作業者によらず、またどんな環境でも同じ結果が得られるものでなくてはならない

- アルゴリズムはコンピュータだけのものではない

- アルゴリズムは「汎用性」「正当性」「決定性」「有限性」「停止性」を満たしていなくてはならない

- アルゴリズムは組み合わせ爆発によって、実行に膨大な時間がかかることがある

- アルゴリズムは停止しなければならない

練習問題

Q1 アルゴリズムとは何でしょうか？
- **A** 音楽の用語
- **B** 問題を解くための手順
- **C** コンピュータの実行速度を表す単位
- **D** インターネットのサービスの一種

Q2 アルゴリズムが満たす必要があるのはどれでしょうか。正しいものを全て選択しましょう。
- **A** 正当性
- **B** 機密性
- **C** 有限性
- **D** 柔軟性

Q3 次のうち、アルゴリズムと呼べないものは何でしょうか？
- **A** ファストフード店の接客マニュアル
- **B** 音楽の楽譜
- **C** 正しく記述されたプログラム
- **D** 社訓や校訓

Q4 処理するデータの組み合わせが膨大になってしまい、アルゴリズムの実行に何百億年もかかってしまうことを何と呼ぶでしょうか？
- **A** 乱択アルゴリズム
- **B** 無限ループ
- **C** 論理爆弾
- **D** 組み合わせ爆発

解答 Q1. B　Q2. AとC　Q3. D　Q4. D

Chapter
02

アルゴリズムに触れてみよう
〜 世の中にあふれるアルゴリズム 〜

アルゴリズムは、実は私たちの身近なサービスにも使われています。むしろ、「私たちは、アルゴリズムに囲まれて暮らしている」といっても過言ではないかもしれません。本章では、私たちが日常的に使っている様々なサービスを取り上げ、そのサービスを実現しているアルゴリズムについて紹介していきます。

やってみよう！

【2-1】
検索アルゴリズムを体験してみよう

私たちは、日常的に様々なアルゴリズムに触れています。代表的なものが、「検索アルゴリズム」です。インターネットで何か調べ物をしたいとき、知りたい情報に関するキーワードで検索するはずです。代表的な検索サイトには、GoogleやBingなどがあります。

これらの検索サイトでキーワード検索すると、1秒もかからずにキーワードに関連するWebページの一覧が表示されます。実はこのとき、裏側では「検索アルゴリズム」が働いているのです。

Step1 ▷ Googleでキーワード検索してみよう

Google (https://www.google.co.jp/) にアクセスし、キーワード検索をしてみてください。例えば「アルゴリズム」で検索すると、「アルゴリズム」というキーワードに関連するWebページの一覧が表示されます。また、普段はあまり意識しないかもしれませんが、ヒットした件数や検索にかかった所要時間も確認してください。

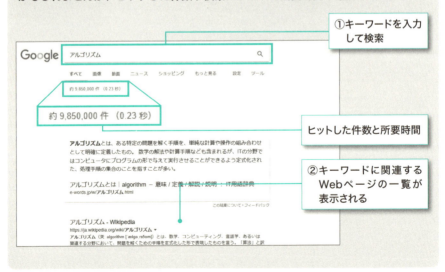

Step2 ▷ Googleで様々な検索を試してみよう①

検索には様々なテクニックがあります。例えば、「A and B」のように、2つのキーワードを「and」でつないで検索すると、両方のキーワードを含むWebページが表示されます（andの代わりに空白でも同様の結果が得られます）。「A and B」は、「AかつB」と指定したことになります。また、「A or B」のように、2つのキーワードを「or」でつないで検索すると、AとBの「どちらか」をキーワードとして含むWebページが表示されます。「A or B」は、「AまたはB」という意味です。

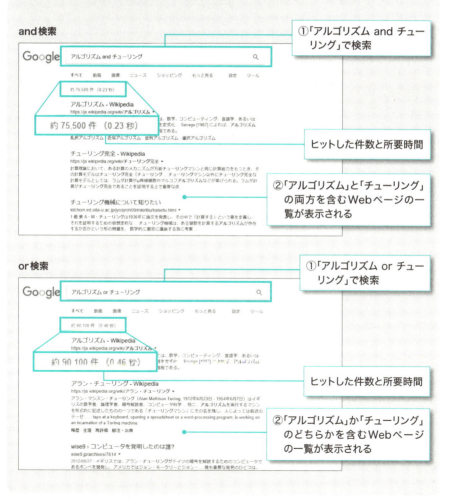

Step3 ▷ Googleで様々な検索を試してみよう②

他にも、様々な検索テクニックがあるので試してみましょう。キーワードの前に「−(マイナス)」を付けると、そのキーワードを含まないという意味になります。andと組み合わせ、「A and −B」と指定すると、「Aは含むがBは含まない」という意味になります。また、キーワードをダブルクォーテーション("")で囲むと、そのキーワードと完全一致する記述を含むWebページを検索できます。

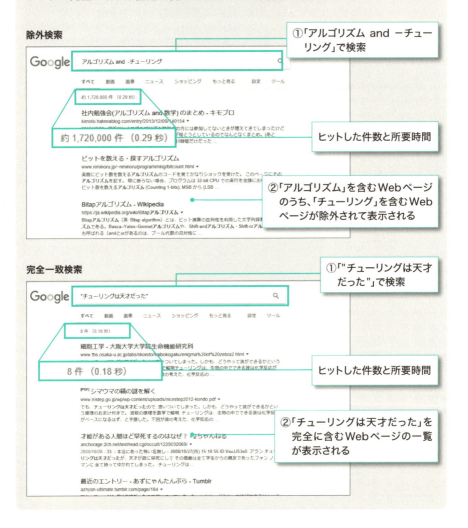

Step4 ▷ Bingで検索してみよう

ここまでは「Google」で検索しましたが、次に「Bing (https://www.bing.com/)」でも同様に検索してみましょう。全く同じキーワードで試しても、Bingではヒットする件数や表示順が異なることがわかるはずです。これは、BingがGoogleとは異なる検索アルゴリズムを採用しているためです。これは同じ作業を行っても、アルゴリズムによって出力結果が異なることを示しています。

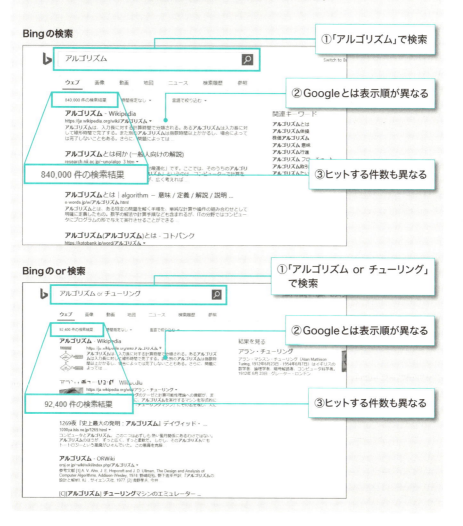

[2-1-1] アルゴリズムの代表選手「検索」

◇ Googleがすごい理由

　アルゴリズムの代表選手ともいえるのが「検索アルゴリズム」です。検索はサーチ（search）の訳語で、「大量のデータの中から目的のデータを探し出すこと」です。

　Googleなどの検索サイトでは、この検索アルゴリズムを実行するプログラム（検索エンジン）が動作しています。

　この検索アルゴリズムにより、キーワードを入力して検索すれば、何千・何万とあるWebサイトの中から、わずか数秒で入力したキーワードに関連するWebページを探し出すことができるのです。

　私たちユーザーは、コンピュータからの応答が3秒以上かかると不快に感じるといわれています。星の数ほどあるWebサイトの中から、わずか数秒で関連サイトを探し出さなければならないのですから、検索エンジンにはかなり高速な処理が求められることになります。

図1 Googleの検索結果

図1 は「アルゴリズム and チューリング」というキーワードで検索した画面ですが、検索時間はわずか0.46秒しかかかっていないことがわかります。

このような優れた検索アルゴリズムを作るのは至難の業です。検索アルゴリズムは、検索エンジンを運営する企業が独自に決めており、また日々更新されています。

その中で、Googleが「検索エンジン」として確かな地位を築けたのは、より優れた検索アルゴリズムを作成できたからといえるでしょう。

CoffeeBreak　SEO対策とアルゴリズム

ネットショップなどは、アクセス数が収益に大きく影響します。そして商品をキーワードとした検索結果は、なるべく他社よりも上位（最初のほう）に表示させることが、アクセス数を増加させるための非常に重要なポイントになります。

検索結果の上位に表示されるようにWebページを最適化することを、SEO（Search Engine Optimization、検索エンジン最適化）といいます。

本文で触れた通り、検索アルゴリズムは検索エンジンを運営する企業が独自に決めています。 基本的には「利用者のキーワードに最もマッチする、すなわち利用者の期待するWebページを上位に表示すること」が前提です。ただ、「最も利用者のキーワードにマッチしているWebページ」を判断するためには、アクセス数、情報量、リンク数、更新頻度、利用者の居住地域など、様々な側面を考慮しなければなりません。

これら様々な要素について、複雑な計算に基づいて決定するので、検索アルゴリズムもとても複雑なものになりますし、どのような要素やアルゴリズムが使われているのかはほとんどが非公開です（Googleでは200を超えるアルゴリズムが使われているそうです）。

また、検索結果が利用者の期待に応える表示順になるよう、加味する要素やアルゴリズムも頻繁に改変されます。

様々な企業が日々SEO対策に励んでいますが、アルゴリズムが改変されれば表示順も変わるため、今有効な対策が1年後も有効であるとは限りません。ある意味、SEO対策はアルゴリズムとの「いたちごっこ」といえるかもしれません。

◇ 処理速度とハードウェアの関係

　検索時間の短縮は、「検索アルゴリズム」のみに依存するわけではありません。ハードウェアの処理性能も、当然ながら大きくかかわります。

　そもそも、コンピュータが最も得意とするのは、「膨大なデータを処理すること」です。

　入力されたデータを、定められたアルゴリズムに従って有意義な情報に変換・出力することを「データ・プロセッシング (data processing)」といいますが、コンピュータはプログラムで記述されたアルゴリズムによってデータを処理する、まさに「データ・プロセッシングマシン」です。

　P.43でも触れた通り、検索に限らずあらゆるデータ処理は、「現実的な時間内」に行われなくてはなりません（例えば社員の月々の給与計算に数ヶ月かかるようでは意味がありません）。

　「現実的な時間内で処理する必要がある」とは、P.41でも触れた「アルゴリズムの有限性」のことですが、アルゴリズムの有限性を満たすためには、より効率的なアルゴリズムを作る（そのアルゴリズムを実現するプログラムを作成する）か、さもなくばハードウェアの高速化を図る必要があるわけです。

◇ 「ムーアの法則」が予言する未来

　ここからは、処理の高速化に寄与する「ハードウェア」についても、少し解説することにしましょう。

　アルゴリズムによって適切な処理を実現するうえで、ハードウェアの知識は必要不可欠だからです。

　半導体素子メーカー Intel 社の創業者の1人であるゴードン・ムーア (Gordon E. Moore、1929〜) は、1965年に発表した論文で「半導体の集積率は18ヶ月で2倍になる」と述べました[1]。

[1]　Cramming more components onto integrated circuits (Electronics Magazine 19 April 1965)。

これは「ムーアの法則（Moore's law）」と呼ばれる、IT業界で最も有名な法則の1つです。

ムーアの法則は経験則に基づいた未来予測でしたが、現在までほぼムーアの予言どおりに、半導体の集積率は上がっています。図2は、西暦2000年を1としたとき、ムーアの法則に基づくならばどれほど集積度が上がるのかを示したものです。図を見ればわかる通り、2015年には約1000倍、2018年には約4000倍にもなっています。

このムーアの法則は、半導体素子である「CPU速度」や「メモリ容量」にも援用できます。CPU速度でいえば、今のCPUは1.5年前の2倍の速度、3年前の4倍の速度で動作するということです。単純に考えると、1.5年前に1時間かかっていた処理が30分で、3年前に1時間かかっていた処理は15分で完了するという計算になります。

つまり、検索エンジンなどのプログラム（検索アルゴリズム）がたとえ3年前のままでも、最新のコンピュータに交換するだけで、処理時間が飛躍的に短縮されることを示しています。

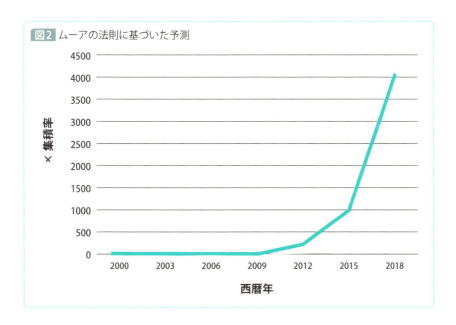

図2 ムーアの法則に基づいた予測

◆ ビッグデータを処理するために

　このように、ハードウェアの性能が飛躍的に向上しているにもかかわらず、近年のITシステムは、それでも対応できないほどに膨大なデータを取り扱うことを要求されています。

　テラバイト（terabyte）やペタバイト（petabyte）で表現されるような莫大なデータを「ビッグデータ」といいます。このビッグデータを効率よく処理するために、昨今のコンピュータはスケールアップ／スケールアウトによって、その処理性能を高めています。

　「スケールアップ」とは、1台のコンピュータのCPUやメモリを増強し、処理性能を上げることです。ただし、CPUの高速化やメモリの増設は、物理的な制限があります。

　そこで用いられるのが「スケールアウト」です。スケールアウトは、コンピュータそのものの台数を増やし、処理性能を上げる手法のことです。スケールアウトはコンピュータの台数を増やすことによって処理性能を高めるため、スケールアップと違って特に物理的な制限がありません（図3）。

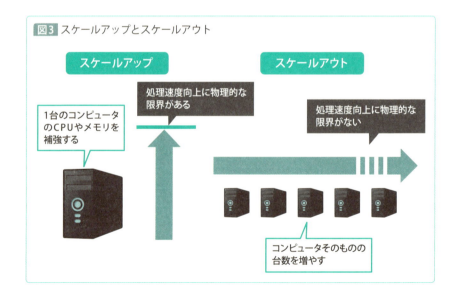

図3 スケールアップとスケールアウト

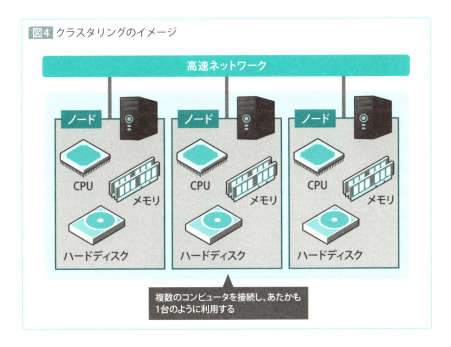

図4 クラスタリングのイメージ

スケールアウトには、「クラスタリング（クラスタ化）」という技術が用いられます。クラスタリングでは、ファイバーチャネル（fibre channel）のような高速ネットワークで複数のコンピュータ（ノード）を接続し、あたかも1台のコンピュータのように取り扱うことで、高速な処理を可能にします。これにより、ビッグデータを現実的な時間で処理することを可能にしています（図4）。

ちなみにクラスタリングは、組み合わせたコンピュータの1台が故障しても問題なく動作する仕組みが採用されていることから、処理速度の向上だけでなく、「可用性の向上」（HA・High Availability）にも寄与します。

◆ 「MapReduce」による分散処理

ビッグデータを処理するその他の仕組みとして、MapReduce（マップリデュース）も紹介しておきましょう。

MapReduceは2004年にGoogleが発表した技術で、クラスタ化されたコンピュータで大量のデータを分散処理するために考え出されたプログラミングモデルです。

MapReduceでは、クラスタを構成するコンピュータを並列に動作させることで、データベースやファイルに格納されているビッグデータを処理します。

具体的には、受け取った入力データを「Mapフェイズ」で細かい単位に分割して必要な情報を集約し、その結果を「Reduceフェイズ」で束ねて処理結果を出力します（図5）。

このMapフェイズとReduceフェイズは、それぞれ並列処理が可能です。MapフェイズとReduceフェイズでの処理をそれぞれクラスタ化したコンピュータ（ノード）に分散して並列実行することで、高速な処理を可能にしているのです。

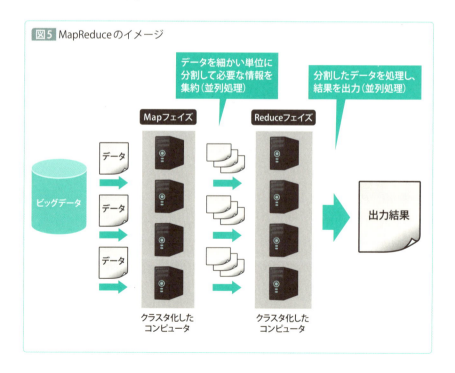

図5 MapReduceのイメージ

CoffeeBreak　データの単位

　コンピュータが処理するデータの単位にはバイト（byte）が使われます。半角の
アルファベット、数字、記号のデータ量は1文字1バイト、漢字、ひらがな、カタ
カナは1文字2バイト以上となります。

　長さの単位である「メートル（m）」や、重さの単位「グラム（g）」では、「キロメー
トル（km）」や「キログラム（kg）」のように、「k」を1000倍として取り扱います。

　「バイトも同じ」といいたいところですが、残念ながらコンピュータの世界では2
進法が使われるので、1000倍ではなく2進数として切りのよい2^{10}＝「1024倍」
を使うことになっています。

　下表は、データの単位をまとめたものです。「ギガバイト」あたりまではともかく、
「テラバイト」や「ペタバイト」以上になると、もはやどれほどのデータ量なのか想
像しづらいものがあります。しかし本文でも触れた通り、今ではこのような単位の
膨大なデータ（＝ビッグデータ）を処理しなければならない時代です。

　ビッグデータをより効率よく、現実的な時間で処理するためにも、ここで触れた
ハードウェアの性能や、より効率的なアルゴリズムが求められるわけです。

図A

単位	英語名	省略形	バイト数
キロバイト	kilo byte	kB	1024
メガバイト	mega byte	MB	1048576
ギガバイト	giga byte	GB	1073741824
テラバイト	tera byte	TB	1099511627776
ペタバイト	peta byte	PB	1125899906842624
エクサバイト	exa byte	EB	1152921504606846976
ゼタバイト	zetta byte	ZB	1180591620717411303424
ヨタバイト	yota byte	YD	1208925819614629174061/6

学ぼう！

【2-1-2】
単純な検索アルゴリズムを見てみよう

◇検索の基本的なアプローチ

検索アルゴリズムとは、一体どのようなものなのでしょうか。

Googleなどの検索アルゴリズムの多くは非公開であり、その仕組みの詳細を知ることはできません。

ただ検索の「基本的なアプローチ」というものは存在します。ここでは単純な検索アルゴリズムを2つ紹介しておきましょう。どちらも基本的なアルゴリズムですから、ぜひここで覚えてください。

◇線形検索

1つ目のアルゴリズムは「線形検索」です。線形検索は、複数のデータから探したいデータが見つかるまで、最初から順番に検索するアルゴリズムです。「線形探索」や「リニアサーチ (linear search)」とも呼ばれます。

具体的な例を考えてみましょう。7つの箱の中に、それぞれ1つ果物が入っているとします。区別のために、箱には1〜7の番号が振ってあります（図6）。この中から「リンゴが入っている箱」を見つけたい場合、線形検索では、1番目の箱から順番に検索していきます。リンゴが3番の箱に入っていたならば、3番目の箱を調べた時点で検索が終了します（図7）。極めてシンプルなアルゴリズムですね。

ただ、このアルゴリズムには欠点があります。それは、データ量が多くなれば多くなるほど、目的のデータを探し出すまでに時間がかかるということです。

例えばパイナップルを探したい場合は、パイナップルは7番目の箱に入っていますから、全てのデータを調べるまで見つかりません。7つ程度であればよいですが、データ数が何万、何億となると、データを見つけるまでに大きな時間がかかるはずです。これでは非効率的ですよね。

2-1-2 単純な検索アルゴリズムを見てみよう

図6 箱の中の果物を探す

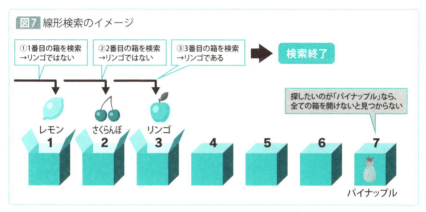

図7 線形検索のイメージ

　ちなみに線形検索における「最悪の場合（最後まで見つからない場合）」の数を「最大検索回数」といいますが、線形検索の最大検索回数を「n回」（nはデータの総数）とすると、平均検索回数は「n/2回」[*2]、検索量はO記法で「O(n)」となります。O記法の詳細はP.162を参照してください。

CoffeeBreak　プログラミング言語の配列

　ここでは「箱」を「データの入れ物」として説明しましたが、プログラミングにおいてこの「データの入れ物」に該当するのが「配列（アレイ、array）」です。配列（箱）の数のことを要素数といいます。また、他の配列との区別のために、配列に割り当てる番号のことを「インデックス」や「要素番号」といいます。多くのプログラミング言語では、インデックスは「1」からではなく「0」から始めることになっています。

[*2] 平均検索回数は、正確には（1＋n）/2回になります。

◇二分検索

2つ目のアルゴリズムは「二分検索」です。「二分探索」や「バイナリサーチ (binary search)」とも呼ばれます。

二分検索では、検索する範囲を半分ずつにして、目的のデータが見つかるまで検索を続けます。データは何らかの基準に基づいて、昇順（小さいものから順番に）か降順（大きいものから順番に）にソート（並べ替え）されている必要があります。

こちらも、具体的な例を考えてみましょう。線形検索の例と同様に、箱の内容物をデータと考えます。7つの箱には、重さの異なるリンゴが入っています。箱の中味はリンゴの重さで昇順にソート済みです。

この中から、100グラムのリンゴを探すとしましょう（図8）。箱の中に入っているリンゴの重さは、箱を開けて実際に量ってみないとわかりません。

二分探索では、最初に真ん中の番号の箱を開けます（図9）。今回は7つの箱があるので、最初に4番目の箱を開けることになります（箱の個数が偶数の場合は真ん中はありませんので、真ん中に近い2つの箱のどちらかを開けます）。

4番目の箱に入っているリンゴの重さは110グラムです。ということは、5番目以降のリンゴの重さは110グラム以上なので、検索する必要はありません。100グラムのリンゴは1番目〜3番目の箱に入っているはずです。

続いて、今度は1番目から3番目の箱の真ん中、すなわち2番目の箱を開けます（図10）。

2番目の箱に入っているリンゴの重さは98グラムです。ということは、1番目の箱に入っているリンゴの重さは98グラム以下なので、検索する必要がありません。そこで、残った3番目の箱を開けます。

3番目の箱に入っているリンゴの重さは100グラムでした。目的のリンゴが見つかったので終了です（図11）。

このように、二分検索は、目的のデータが見つかるまで、検索するデータの範囲を半分ずつに狭めて探していくアルゴリズムです。

64

2-1-2 単純な検索アルゴリズムを見てみよう

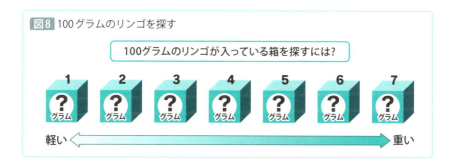
図8 100グラムのリンゴを探す

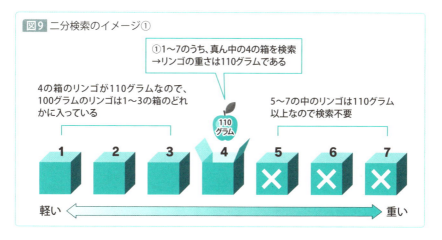
図9 二分検索のイメージ①

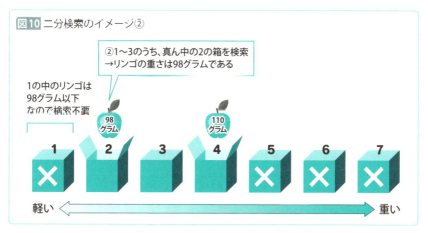
図10 二分検索のイメージ②

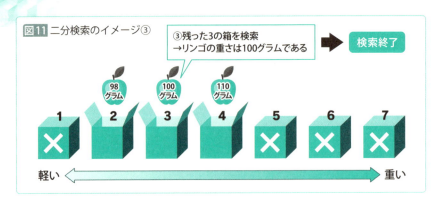

図11 二分検索のイメージ③

図12 二分検索の最大検索回数

データ件数	最大検索回数
100	7
1,000	10
10,000	14
100,000	17
1,000,000	20
10,000,000	24
100,000,000	27
1,000,000,000	30
10,000,000,000	34

　線形検索より効率的なアルゴリズムではありますが、二分検索はデータの大小関係を用いるため、ソートされていないデータや大小関係の定義されないデータを探すことはできません。

　ちなみに二分検索の最大検索回数は $(log_2 n)+1$ 回、平均検索回数は $(log_2 n)$ 回となります。図12に、二分検索を使用した場合のデータ数と最大検索回数を示します。

　線形検索の最大検索回数は「データ数」と等しいですから、二分検索では最大検索回数が劇的に少なくなることがわかります。

　例えば表の一番下のデータ数は「100億」あるので、線形検索ならば最大100億回の検索が必要となりますが、二分検索では最大でも34回で済むことになります。

学ぼう!

〔2-1-3〕
より高度な検索とデータ構造

◇処理速度を左右する「データ構造」

　「線形検索」と「二分検索」という基本的な検索アルゴリズムを紹介ししましたが、処理を行うためには、「データをどのように格納するか」という点も重要なポイントになります。

　データを取り扱うためには、一定の形式でデータを系統的に格納しなければなりません。そして、どのようにデータを格納するかによって、処理の効率は大きく変わります。このような、データの格納形式のことを「データ構造」(data structure) といいます。

　「線形検索」と「二分検索」の解説では、「番号で順序付けた箱」が並んでいるイメージで解説しました。このように、同じ大きさの要素が並んだ格納形式も1つのデータ構造で、このような形式のことを「配列」と呼びます。

　ただし、効率のよい検索を行うためには、もっと別のデータ構造を採用したほうがよい場合もあります。そこで紹介したいのが「木構造」(tree structure) です。

◇「木構造」とは何か

　木構造は「ツリー構造」とも呼ばれ、実際の木のように「根」を基本として関連付けるデータ構造です。

　木構造を構成する要素はノード (node、節) と呼ばれ、ノード同士は親子関係を持ちます。

　頂点にあるノード (親のないノード) を「ルートノード (root node、根ノード)」、子ノードを持たない末端のノードを「リーフノード (leaf node、葉ノード)」と呼び、親子関係にあるノードは線で結ばれます。この線のことを「エッジ (edge、枝)」と呼び、ルートノードからリーフノー

67

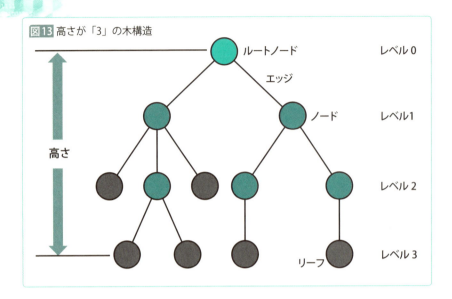

図13 高さが「3」の木構造

ドまでの階層を「ツリーの高さ（または深さ）」と呼びます。

図13 は、高さが「3」の木構造です。

木構造は、ルートから複数のエッジをたどり、ノードを経由しながらリーフへたどり着くデータ構造です*3。

一口に「木構造」といっても、様々な種類があります。例えば子ノードの数が2つに制限されている木構造を「二分木（binary tree：にぶんぎ）」と呼び、子ノードがN個に制限されている木構造を「N分木」と呼びます（一般に、Nが3以上の木の総称をN分木ということが多いです）。

また、子ノードが3個以上になる木構造を総称して「多分木」とも呼びます（多分木は、子ノードの数に制約がないものも含まれます）。

◇「二分木探索」の仕組み

ここまでの解説を踏まえ、この木構造が検索にどのように役立つかを見

---

*3 いずれかのノードをルートと見立てた場合、そのノード以下を「部分木」（ぶぶんぎ）といいます。

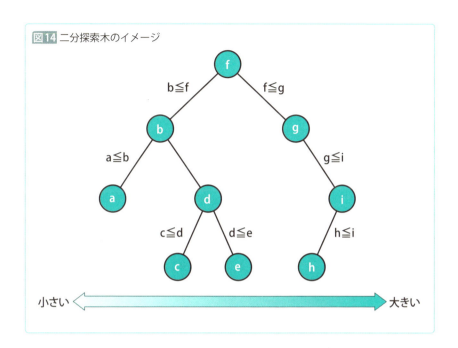

図14 二分探索木のイメージ

てみましょう。

　二分木のうち、「左側の子ノードの値が親ノード以下」「右側の子ノードの数が親ノード以上」のように構成された木構造を「二分探索木（binary search tree：にぶんたんさくぎ）」と呼びます。

　図14は二分探索木のイメージです。各ノードの関係は、「a≦b≦c≦d≦e≦f≦g≦h≦i」なのですが、左側のノードが右側のノードより小さいことがわかります。

　二分探索木は値を大小で振り分けたデータ構造なので、この形式を採用すると、次のような簡単な手順で二分検索を行うことができるようになります。

① ルートを比較対象ノードとして検索を開始する
② 比較対象ノードがなければ終了（発見できなかった）
③ 比較対象ノードと検索したいデータを比較する。等しい場合は終了（発見できた）

④「検索したいデータ＜比較対象ノード」なら比較対象ノードを左の子ノードにする。そうでなければ、比較対象ノードを右のノードにする
⑤ ②に戻る

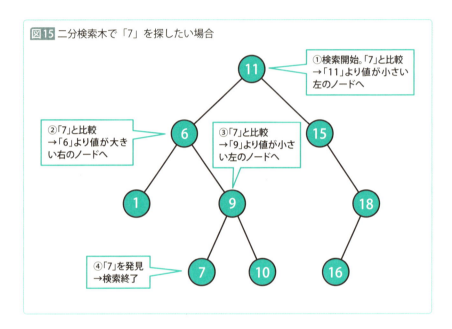

図15 二分検索木で「7」を探したい場合

図15は、二分検索木の実例です。例えば検索したいデータが「7」の場合、11→6→9→7の経路で発見できます。

このように、二分検索木を用いると効率的に検索が行えることが、なんとなくイメージできるのではないでしょうか。

◆「AVL木」の仕組み

木構造を考えるうえで注意しなければならないのは、木の高さによって効率が変わることです。

実際の業務では、木構造の中でデータを追加したり削除したりしなければなりません。しかし、闇雲にデータを追加・削除すると、非常に効率が

悪いものになってしまいます。

図16を見てください。左側は高さが一定の木構造です。この場合ステップ数は最大でも3回で済みます。

一方、高さが一定でない場合、例えばデータを追加した結果、右側のように線形になってしまうと（これは極端な例ですが）、ステップ数は線形検索と同じ7回になってしまい、非常に効率が悪くなります。

「7」を探す手順を考えてみても、左側は「4→5→7」の3ステップで済みますが、右側は「1→2→3→4→5→6→7」と、7つのステップが必要になりますね。

そこで覚えておいてほしいのが、「AVL木 (AVL tree、Adelson-Velskii and Landis' tree)」というデータ構造です[*4]。AVL木は、「どのノードの左右部分木も、高さの差は1以下」という条件を満たす二分探索木のことです。

二分検索木の性質を壊さないようにデータを追加した結果、木の高さが

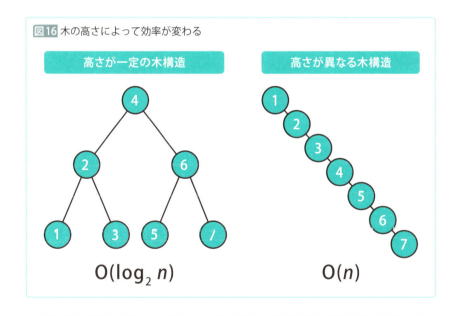

図16 木の高さによって効率が変わる

[*4] 「AVL」という名前は、旧ソビエト連邦の2人の数学者、Georgy Adelson-Velsky（1922.1.8 ～ 2014.4.16）と Evgenii Landis（1921.10.6 ～ 1997.12.12）に由来します。

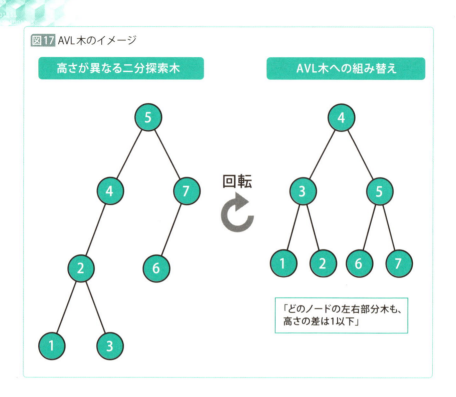

図17 AVL木のイメージ

変更になってしまう場合、AVL木の条件に基づいて木を組み替えることで、木の高さを一定にすることができます。

図17を見てください。左側は、1～7の数字を二分検索木で構成したものですが、木の高さが異なるため非常に効率が悪くなっています。

一方、右側は、AVL木の構成に並べ変えたものです。こちらのほうが効率がよいことがわかりますね。

このように、二分検索木の大小条件を崩さないように木を変形させることを「回転操作（tree rotation）」と呼びます。

◆ 平衡木とB木

木の高さが一定になるように、ルートノードから最下層のリーフノード

2-1-3　より高度な検索とデータ構造

までの高さが等しくなるように構築された木構造を「平衡木 (balanced tree)」といいます。前述のAVL木も平衡木であり、かつ二分探索木でもあるので、「平衡二分探索木」の一種ということになります。

では、他の木構造も紹介しておきましょう。

「多分木」かつ「平衡木」の木構造に「B木 (B-tree)」があります。B木は、1つのノードが3個以上の子ノード（多分木）を持つことができ、木の高さがどのリーフでもほぼ同じ（平衡木）であるという特徴を備えます。ノードの大小関係は二分木と同じで、左の子ノードのデータは親ノードより小さく、右の子ノードのデータは親ノードより大きくなります。

では、B木がどのように平衡を保つのかを見てみましょう。図18の①を見てください。何もデータが入っていない4つの子ノードがあります。未使用のノード部分は「-」となっています。

②は、このB木に最初のデータ「2」を追加した状態です。空きの部分にデータが格納されます。

続いて③は、さらにデータ「10」「13」「18」を追加した状態です。これでノードがいっぱいになりました。

ノードがいっぱいの状態で、データ「21」を追加すると、B木は④のように変化します。「2」「10」「13」「18」「21」のうち、中心値である「13」を値として持つ新たなノードが作られ、それ以外のノードは13に対しての大小関係で左と右のノードに振り分けられています。

⑤は、さらにデータ「27」「38」を追加した状態です。中心値である「13」よりも大きいですから、右側のノードの空いている場所に格納されます。ただ、これで右側のノードはいっぱいになりました。

ここにデータ「46」を追加すると、⑥のようになります。いっぱいになったノードの中央値「27」が親ノードの空いている場所に格納され、さらに新しくノードが作られて、中央値を基準に大小関係で振り分けられます。

このように振り分けていけば、データが増えても平衡を保ち続けることができます。

図18 B木のイメージ

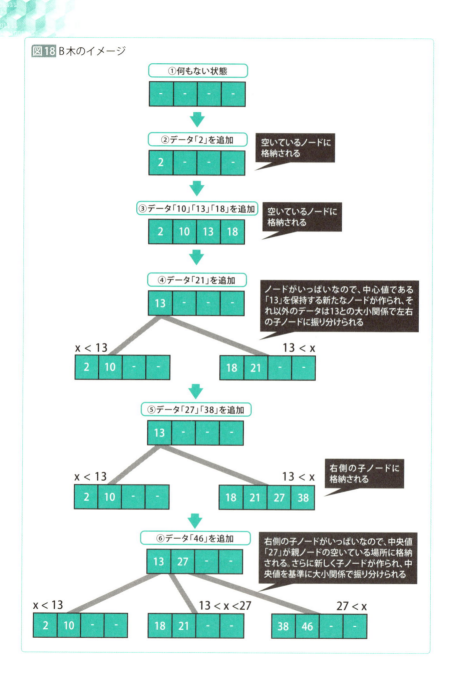

◇データ個数が多いほど高速になるB木

また、B木の特徴として、「データの個数が多いと高速になる」という点が挙げられます。格納するデータの個数を「m」とすると、オーダーは$O(log_m n)$になります（mは3以上となる）[*5]。

図19は、二分探索木の場合の$O(log_2 n)$と、B木の格納するデータ個数でどのようにオーダーが変わるかを示したものです。データの個数（mの値）が増えれば増えるほど、高速に処理できることがわかります。

B木は高速に検索できるので、データベースやファイルシステムでよく利用されています。

さて、ここまで「データ構造」について解説をしてきました。データ構造次第で、検索アルゴリズムの処理速度が大きく変わることが理解できたのではないでしょうか。

図19 データ個数別の処理速度

データ件数（ノード数）	最大検索回数			
	$O(log_2 n)$	$O(log_3 n)$	$O(log_4 n)$	$O(log_5 n)$
100	7	5	4	3
1,000	10	7	5	5
10,000	14	9	7	6
100,000	17	11	9	8
1,000,000	20	13	10	9
10,000,000	24	15	12	11
100,000,000	27	17	14	12
1,000,000,000	30	19	15	13
10,000,000,000	34	21	17	15

[*5] 「オーダー」は計算量を示す値です。詳しくはP.162を参照してください。

CoffeeBreak　ドメイン名も木構造

　インターネットではコンピュータのIPアドレスに「ドメイン名」を付け、「DNS（Domain Name System）」という仕組みによってIPアドレスとドメイン名を相互変換しています。例えば翔泳社のWebサイトのURLは「http://www.shoeisha.co.jp/」ですが、このうち「shoeisha.co.jp」がドメイン名に該当します。

　そしてDNSでは、ルートドメイン（.ドット）を頂点とした「ドメインツリー」という木構造によってドメイン名を管理しています。このように、木構造は私たちの身近なサービスでも活躍しているのです。

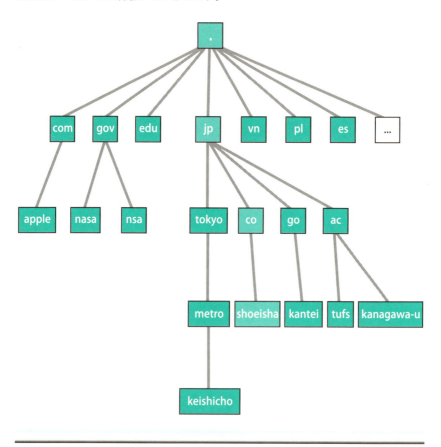

【2-2】
地図サービスで道順を調べてみよう

どこかに出かけるとき、Googleマップなどの地図サービスを利用する人は多いのではないでしょうか。当たり前に利用しているサービスですが、実はこれも「経路探索アルゴリズム」によって実現しています。

Step1 ▷ Googleマップで道順を調べよう

地図サービスの代表格といえば「Googleマップ」（https://www.google.co.jp/maps）です。ここでは、Googleマップでルート検索をしてみましょう。ここでは「銀座駅」から「翔泳社」へ車で移動するときのルートを調べてみます。

①Googleマップにアクセスする

②ルートアイコンをクリックする

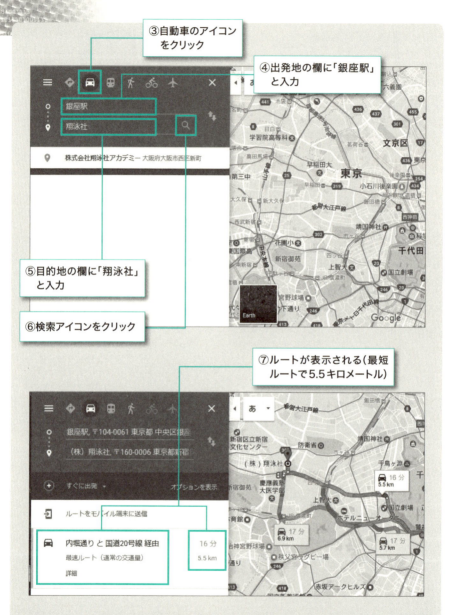

このように、Googleマップを利用すれば、出発地から目的地までのルートを即座に調べることができます。

2-2 地図サービスで道順を調べてみよう

Step2 ▷ 別の地図サービスでも検索してみよう

Googleマップ以外の地図サービスも試してみましょう。ここでは、「いつも
NAVI」（http://www.its-mo.com/）を利用してみます。同じように「銀座駅」か
ら「翔泳社」へ車で移動するときのルートを調べてみてください。

①「銀座駅」から「翔泳社」へ車で移動するときのルートを検索

②距離は6.1キロメートルと表示される

「いつもNAVI」でも同様に、即座にルートを調べることができます。ただ、同じ条
件で検索しても、ルートの距離が異なる（＝違う道を通っている）ことがわかります。
つまり、両サービスの「経路探索アルゴリズム」が異なるということです。

79

【2-2-1】
人には容易でも機械には難しい？
経路探索アルゴリズム

◇経路探索とは

　経路探索とは、スタート地点からゴール地点に到達するまでの経路（ルート、道順）を発見することです。複数経路がある場合、条件に従った経路を発見しなければなりません。図20に、経路探索の例を示しておきます。このように、経路探索は様々なシーンで活用されることがわかります。

　複数経路の中で最も「コスト」の少ない経路を「最短経路」といいます。この場合のコストとは、「距離、時間、距離、回数、エネルギー」などの物理量を指します。複数のコストが関連したり、コストが時間によって移り変わったりする場合、最短経路を求めるアルゴリズムは非常に難しくなります。

　また、Googleマップなどで経路探索をすると、複数のルート候補が示されますが、このように最短経路だけでなく、コストが2番目、3番目の経路を探索するのも、非常に高度なアルゴリズムです。

図20 経路探索の例

経路探索の例	どのような探索をするのか
乗り換え案内	出発駅から目的駅まで、どのように乗り換えれば、速い、安い、乗り換え回数などの条件を満たすのか
配送ルート検索	運送業者が荷物を配送するときに、どのように配送先を回れば最も短時間で配送できるのか
インターネット経路制御（ルーティング）	インターネットでパケットを送信するときに、送信元PCから相手先PCまで、どのようにルータを経由してパケットを転送するのが効率がよいか
ルービックキューブ	どのような手順を踏めば、最も高速に色面をそろえられるか
災害時の避難ルート	地震や火災などの災害時に、通行不能な道路や危険な場所を避けて、安全に目的地に到達するためのルートはどのようになるのか

◆経路探索を助ける「グラフ理論」

　経路検索のアルゴリズムを考えるうえで、ぜひ覚えておいてほしいのが「グラフ理論」です。この場合の「グラフ」とは、私たちが普段目にする円グラフや折れ線グラフのことではなく、「ノード (node、点) [*6]」の集まりと「エッジ (edge、辺) [*7]」の集まりのことを指します。グラフは「組み合わせの構造」を表すモデルなので、ノードを置く場所や、エッジが直線であるか曲線であるかは考慮しません。

　図21は、グラフの一例です。ノードを丸、エッジを線で表しています。この3つのグラフは、「ノードAからB、C、Dへエッジがつながる」という構造は共通なので、グラフ理論ではどれも同じモデルとみなします。

　ちなみに、エッジに方向性があるグラフを「有向グラフ」、方向性がないグラフを「無向グラフ」と呼びます。有向グラフでは、方向を示すためにエッジを矢印で表します (図21は矢印線が示されていないので、「無向グラフ」ということになります)。

　また、隣り合うノードをたどったものをパス (path、道) といいます。つまり経路探索で「グラフ問題で解決する」ということは、「スタート地点からゴール地点までの最もコストの少ないパスを発見すること」ということになります。

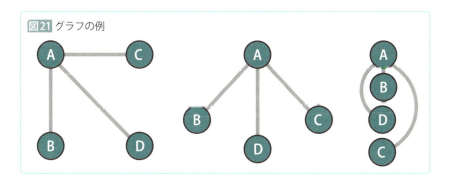

図21 グラフの例

[*6] ノードは「頂点」「vertex」とも呼ばれます。
[*7] エッジは「枝」、「arc」とも呼ばれます。

◆経路探索の方法

では、ここまでの解説を踏まえ、どのようにして経路探索を行うかを考えてみましょう。

経路探索で真っ先に思い浮かぶのは、「考えられる全ての経路を調べる」という方法です。こうすれば、結果を比較して、最終的に最短経路を見つけることは可能でしょう。しかしこの方法だと、調べなければならない経路がかなり多くなってしまいます。

図22のグラフで考えてみましょう。「S」がスタート、「G」がゴールです。「S」から「G」へたどり着くには、どのような経路があるか考えてみましょう。

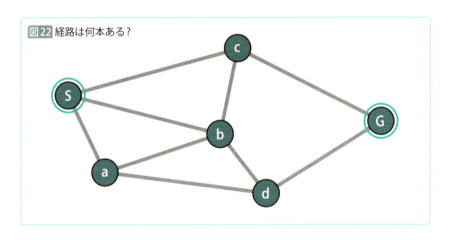

図22 経路は何本ある？

答えをいうと、図22でスタートノードSからゴールノードGへたどり着くには、次の10通りの経路あります。

①S→a→b→c→G
②S→a→b→d→G
③S→a→d→b→c→G
④S→a→d→G

⑤ S→b→a→d→G
⑥ S→b→c→G
⑦ S→b→d→G
⑧ S→c→b→a→d→G
⑨ S→c→b→d→G
⑩ S→c→G

　案外経路が多いですよね。しかも人間であれば、ぱっと見て「⑩S→c→Gが速そうだな」とか、「③S→a→d→b→c→Gは遠回りだな」ということがわかりますが、コンピュータはそういう「直感的な判断」ができません。よって、きちんと最短経路を選べるよう、アルゴリズムを設計する必要があります。

　また、「コスト」として考えられるのは必ずしも「経由するノード数」とは限らず、例えば、エッジに図23のようなコストが割り当てられていることもあります。

　わかりやすい例でいえば、最近のカーナビは道路が渋滞している場合、多少遠回りとなっても短時間で目的地にたどり着くルートを示してくれますよね。このように、実際には「どのルートが最もコストがかからないか」

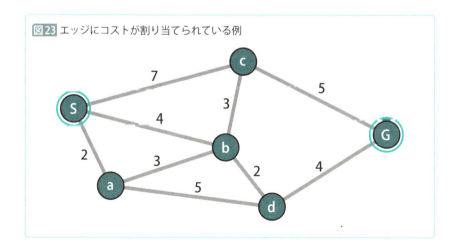

図23 エッジにコストが割り当てられている例

図24 それぞれのルートのコスト

① S→a→b→c→G	コスト 13
② S→a→b→d→G	コスト 11
③ S→a→d→b→c→G	コスト 17
④ S→a→d→G	コスト 11
⑤ S→b→a→d→G	コスト 16
⑥ S→b→c→G	コスト 12
⑦ S→b→d→G	コスト 10
⑧ S→c→b→a→d→G	コスト 22
⑨ S→c→b→d→G	コスト 16
⑩ S→c→G	コスト 12

を考えなければならない場合もあります。ちなみに図23のようなコストが割り当てられている場合、それぞれのルートのコストは図24のようになります。この場合、「⑦S→b→d→G」が最もコストがかからないルートということになりますね。

◇ ノードやエッジの数が増えると……

先のグラフでは、全ての経路を調べても「10通り」だけですが、ノードやエッジの数が多くなると、経路の数も莫大になります。

スタートノードとゴールノード以外のノード数によって、経路がどのように増えるのかを見てみましょう。図25を見てください。①はスタートとゴール以外のノードはないので、エッジは1本、経路も1通りだけです。

②は、ノードが1つ追加され、エッジは3本、経路は2通りとなります。③はノードが2つあり、エッジは6本、経路は5通りです。最後の④はノードが3つあり、エッジは10本、経路は16通りもあります。

このように、ノードが増えるとエッジが増え、経路も飛躍的に増えていくのです。つまり、「全ての経路を調べる」という方法にはおのずと限界があるということです。

◇ 最短経路を求める「ダイクストラ法」

では、どうすればより効率的に、最短経路を求めることができるのでしょうか。

2-2-1 人には容易でも機械には難しい？ 経路探索アルゴリズム

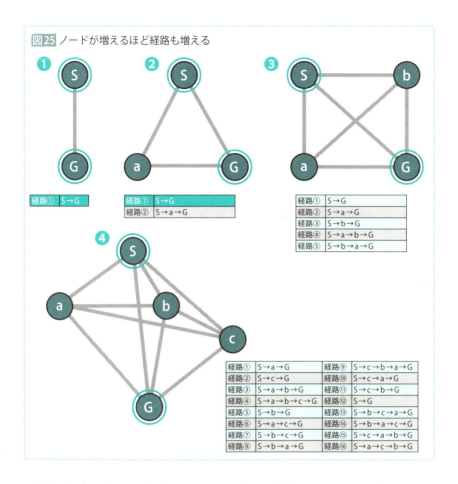

図25 ノードが増えるほど経路も増える

　最短経路を求める有名なアルゴリズムに「ダイクストラ法（Dijkstra's Algorithm）」があります。ダイクストラ法はカーナビにも用いられているアルゴリズムで、「手近な問題から解決し、その解決結果をもとに、さらにその先の問題を解決していく」という考え方に基づいて、最短距離（最小コスト）とその経路を求めていきます。

　では、ここからは実際にダイクストラ法による経路探索の考え方を見てみましょう。もう一度P.82で出てきたグラフを活用します（図26）。このグラフを用い、スタートノードSからゴールノードGまでの最短経路を探索してみましょう。

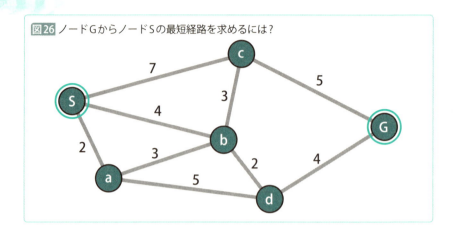

図26 ノードGからノードSの最短経路を求めるには？

◈ダイクストラ法の考え方

　最初に、スタートノードSからスタートノードSへの最短経路を考えます。当然ですが、移動する必要がないのでコストは「0」です。これはつまり、開始点への最短距離を「0」と定義するということです。これで、まずはスタートノードからスタートノードへの最短経路「0」が確定しました（図27の①）。

　スタートノードへの最短経路が確定したら、次にスタートノードから隣接するノードを調べます。「a」「b」「c」の3つのノードがありますが、それぞれコストは、aへの経路が「2」、bへの経路が「4」、cへの経路が「7」です。わかりやすいよう、ノードの上にコストを記入しておきましょう。ノードaまでのコスト「2」は、ノードbやcよりも小さいので、ノードaまでのコスト「2」が確定します（図27の②）。

　このように、手近な問題から逐次解決していくのが、ダイクストラ法の考え方です。

　続いて、確定したノードaに隣接するノードを考えます。隣接するノードはbとd、スタートノードSの3つですが、Sは後戻りするので除外すると、残るはノードbとdの2つです。

　ノードbまでのコストは、aのコスト2に3を加えた「5」、ノードdまで

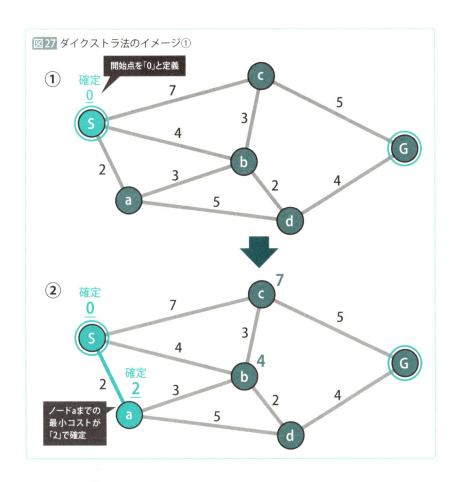

図27 ダイクストラ法のイメージ①

のコストは、aのコスト2に5を加えた「7」になります（図28の①）。

　ここまでで判明したノードbのコストを比較すると、「S→b」の「4」のほうが「S→a→b」の「5」より小さいことがわかります。つまり、S→a→bの経路は最短経路にはなりえないため捨てても構いません。また、ノードbは、「S→a→b」以外にもう1つ「S→c→b」という経路もありますが、「S→c」のコストは「7」であり、この時点で現在最小のノードbまでのコスト「4」より大きいため、ノードbのコスト「4」が確定します。これで、3つのノードのコストが確定しました（図28の②）。

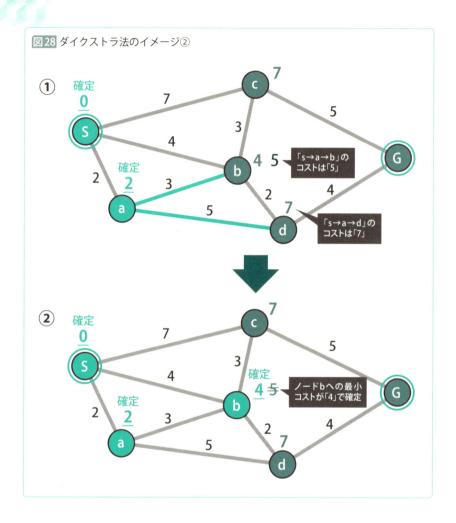

図28 ダイクストラ法のイメージ②

 あとは、同じ作業の繰り返しです。確定したノードbに隣接するノードcとdの、スタートからのコストを記入します。ノードaは確定しているので残る経路はノードcとdですが、それぞれ合算したコストはノードcへの経路が「7」、ノードdへの経路が「6」です（図29の①）。ノードcはそのまま、ノードcを6に書き換えます。これで、ノードcのコストが「7」に確定します（図29の②）。

2-2-1 人には容易でも機械には難しい？経路探索アルゴリズム

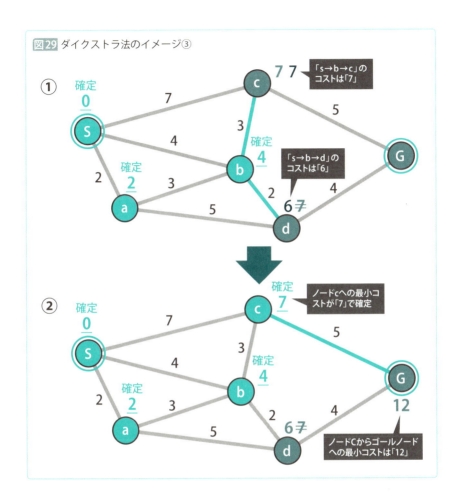

図29 ダイクストラ法のイメージ③

　ノードcに隣接するのはゴールノードだけなので、ゴールノードコストを記入します。コストは「12」ですね。続いて、ノードdのコストを確定し、ノードdからゴールノードへのコスト「10」を記入します（図30の①）。少ないほうのコスト、つまり「10」で、ゴールノードのコストも確定です（図30の②）。

　これで、全てのノードのコストが確定し、最短経路は「S→b→d→G」となることがわかります。

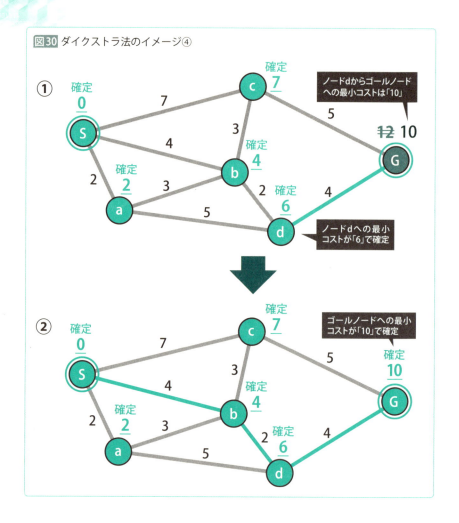

図30 ダイクストラ法のイメージ④

　このように、ダイクストラ法では、「①スタートノードを0と定義する（その他のノードは未定義）」「②未定義のノードのうち、最小コストのノードを見つけ、コストを確定する」「③コストを確定したノードからの経路をチェックする。確定ノードまでのコスト＋エッジのコストを足し合わせた結果、そのノードの現在値よりも小さければ更新する」という作業を繰り返し、最短経路を求めるのです。

【2-2-2】
アルゴリズムの難敵「組み合わせ爆発」

◇ 組み合わせ爆発とは

　経路探索のようなアルゴリズムを考えるうえで、留意しなければならないのがP.44でも触れた「組み合わせ爆発」です。

　単純に解決しようとすると、入力の組み合わせの数が莫大になり、出力も巨大になるような問題があります。アルゴリズムのルールである「現実的な時間内に終了すること」が困難になるような問題です。

　組み合わせ爆発をわかりやすく解説した、有名なアニメ動画があります。日本科学未来館が発表した「『フカシギの数え方』おねえさんといっしょ！みんなで数えてみよう！」という動画です（図31）。8分少々の短いものですから、未見の方はぜひ一度見てみてください。

　この動画では、おねえさんが、「遠回りしてもいいけれど、同じ点（ノード）を2度通ってはいけない」というルールのもとに、分割した正方形で「スタートからゴールまで行く経路」が何通りあるかを説明しています（ちな

図31 組み合わせ爆発の解説動画

『フカシギの数え方』おねえさんといっしょ！みんなで数えてみよう！
URL https://www.youtube.com/watch?v=Q4gTV4r0zRs

みに分割した正方形は、ノードとエッジで構成されるグラフとして考えることができます)。

◇ 組み合わせ爆発の恐怖

　ネタバレになってしまいますが、非常にわかりやすい解説なので、動画で示される経路の数を紹介しておきましょう。
　1×1の場合は、単純に2通りです（図32）。
　次は2×2ですが、経路は12通りです。倍どころか、一気に6倍になってしまいます（図33）。
　「3×3」になると、経路はなんと184通りになります。
　同様に計算していくと、4×4は8,512通り、5×5は1,262,816通り、6×6は575,780,564通りの経路になります。
　ちなみに動画では、最初はおねえさんが手作業で計算していましたが、とても計算しきれないので、途中からPCに処理を任せます。しかし、PCでも処理しきれなくなり、7×7からはスーパーコンピュータで計算するのですが、なんと789,360,053,252通りもの経路があることがわかります。
　同様に8×8は3,266,598,486,981,642通りもの経路がありますが、

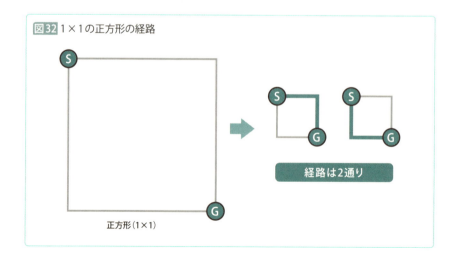

図32 1×1の正方形の経路

2-2-2 アルゴリズムの難敵「組み合わせ爆発」

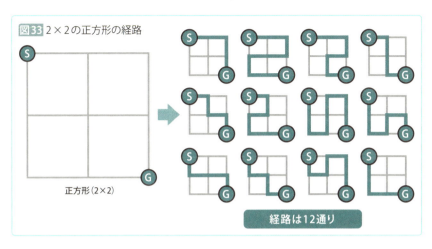

図33 2×2の正方形の経路

正方形(2×2)

経路は12通り

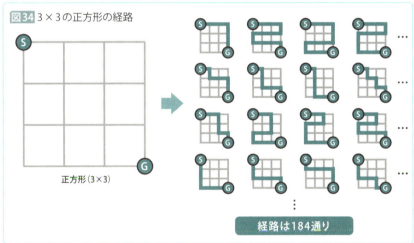

図34 3×3の正方形の経路

正方形(3×3)

経路は184通り

　スーパーコンピュータの能力をもってしても、計算に4時間半もかかってしまいました。9×9では6年半、10×10では25万年かかり、このまま11×11を計算しようとすると、宇宙の年齢よりも長い「290億年」かかってしまうというのが動画のオチです。

　問題の解決に290億年かかるというのは、問題を解決できないのと同じですよね。

◇ アルゴリズムによる問題解決

　この動画は、「組み合わせ爆発」が起きるような問題は、単純な「数え上げ[*8]」では、有限時間に解決できないことを示しています。スーパーコンピュータを使っても処理しきれないのですから、ハードウェア頼みの処理には限界があるということもわかるでしょう。

　そこで重要になるのがアルゴリズムなのです。効率のよいアルゴリズムを探し出すことができれば、数え上げで組み合わせ爆発が起こるような問題も、たちどころに解決します。

　例えば、米国の数学者ドナルド・クヌース (Donald Ervin Knuth、1938 〜) が発明したアルゴリズムに「Simpath (Simple Paths)」があります。

　Simpath の詳細の理解は初学者のレベルを超えてしまいますが（また初学者がそこまで理解する必要はありませんが）、アルゴリズムのすごさを実感できますから、その驚くべき処理速度だけは紹介しておきましょう。

　「Graphillion」(http://graphillion.org) という、プログラミング言語 Python 用に公開されているモジュールがあります (図35)。

　この Graphillion を用いて、先の動画で示した経路問題を解く様子を示します。Graphillion では、数値を指定して任意に分割した正方形を作成したり、指定したノードからノードへの経路数を計算したり、実際の経路をビジュアルで示すことが可能です。

　例えば 図36 は Graphillion で設定・作成した 1 × 1 のグラフと、この正方形の経路の 1 つを示したものです。

◇ 290 億年かかった処理が……

　では、冒頭の動画で、スーパーコンピュータを用いても 290 億年かかった「11 × 11」の正方形の経路を、Graphillion で調べてみるとどうなるでしょう。次のソースコードは、Graphillion で 11 × 11 の正方形を作り、

[*8]　**数え上げ**「数え漏れがない」、「同じものを繰り返して数えない」ように、組み合わせの全ての個数を数えることです。

2-2-2 アルゴリズムの難敵「組み合わせ爆発」

図35 Graphillionの公開画面

Graphillion - Fast, lightweight library for a huge number of graphs

Japanese page

- News
- Features
- Overview
- Installing
- Tutorial
- Creating graphsets
- Manipulating graphsets
- Working with NetworkX
- Library reference
- Example codes
- Future work
- References

News

- Graphillion experimentally supports Python 3; please see #13.
- Graphillion book is published in April 2015 (sorry, written in Japanese).
- Graphillion was used in the lecture by Prof. Jun Kawahara at Nara Institute of Science and Technology in January and February 2015.

Features

Graphillion is a Python software package on search, optimization, and enumeration for a *graphset*, or a set of graphs.

図36 Graphillionが示すグラフと経路

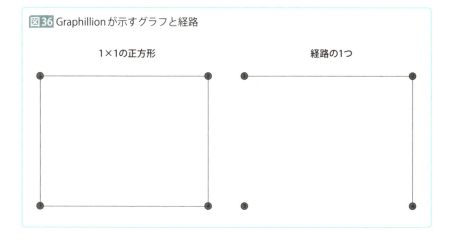

1×1の正方形　　　　　　　経路の1つ

95

経路の数を算出させた例です。また、図37は、Graphillionが示した経路の1つです。

```
>>> universe = tl.grid(11,11)        ←--- 11×11の正方形を作成
>>> GraphSet.set_universe(universe)
>>> start = 1                         ←--- スタートノードを1とする
>>> goal = 144                        ←--- ゴールノードを144とする
>>> paths = GraphSet.paths(start,goal)
>>> tl.draw(paths.choice())
>>> paths.len()
1824132915142480492414708852236L     ←--- 算出された経路の数
```

ソースコードの最後の行に、「1824132915142480492414708852236」という経路数が示されていますね[*9]。これが「11×11」の正方形の経路の総数です。ここまで来ると、一体どれほどの数なのか想像しづらいですね。スーパーコンピュータで、処理に290億年かかるのですから、当然かもしれません。

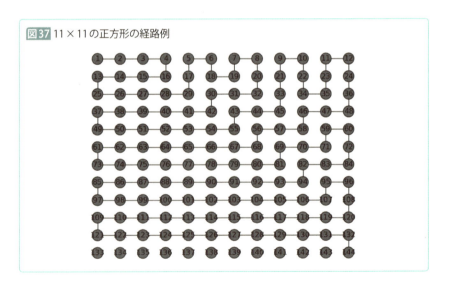

図37 11×11の正方形の経路例

[*9] 最後の「L」は、巨大なデータを使う場合の長整数型を意味します。

しかしこの処理を筆者が手元のGraphillionを用いて行ってみると、なんとわずか25秒程度で完了します。

筆者がGraphillionで処理を行ったコンピュータはスーパーコンピュータではなく、CPUに「Intel Core i7」、「8GB」のメモリを搭載した、ごく一般的なLinuxマシンです。

スーパーコンピュータで290億年かかる処理を、普通のコンピュータでも25秒で終わらせることができたのも、「Simpath」というアルゴリズムのおかげです。そう考えると、アルゴリズムの重要性をさらに理解できるのではないでしょうか。

CoffeeBreak　アルゴリズムの天才、ドナルド・クヌース

「Simpath」を発明したドナルド・クヌースは、「アルゴリズムの天才」と呼ばれている人です。IT業界の人々は、親しみを持って「クヌース先生」と呼んでいます。

クヌース先生のライフワークである著書「The Art of Computer Programming」[10]は、全7巻構成であることが、第1巻 (Volume 1) の前書きで予告されています。1968年に第1巻初版が発刊されましたが、2017年2月現在、第4巻 (の分冊) までしか発刊されていません。

第1巻は「Fundamental Algorithms (基本アルゴリズム)」、第2巻は「Semi numerical Algorithms (準数値アルゴリズム)」、第3巻は「Sorting and Searching (整列と探索)」のように、アルゴリズムについて、丁寧に詳しく書かれているので、本格的にアルゴリズムを勉強したい人には必読の書籍です。

ちなみにクヌース先生は、なぜか自分の漢字名も持っています。中国語の音を当てて、高 (Knuth)、徳納 (Donald) で、「高徳納 (ガオトゥナー)」です。本人は、この名前をとても気に入っているそうです。

●ドナルド・クヌースのホームページ

URL http://www-cs-faculty.stanford.edu/~knuth/

---

[10]　この著書を、クヌース先生自身は略して「TAOCP」と呼んでいます。

やってみよう！

【2-3】
スマートフォンに語りかけてみよう

Androidの「OK Google」、iOSの「Siri」、Windowsの「Cortana」など、昨今は音声による検索を可能にする「音声認識サービス」が実装されつつあります。手元のスマートフォンやタブレットで、音声操作を試してみてください。

Step1 ▷「OK Google」の初期設定を行おう

ここでは、Androidの「OK Google」を操作方法を紹介します。使ったことがない人はアプリをインストールして起動後、メニューアイコンをタップして「設定」→「音声」→「OK Googleの検出」の順にタップします。その後、次の設定を行ってください*。

* 実際の設定は、ご利用の端末によって異なることがあります。

Step2 ▷ 様々な音声検索を試してみよう

設定を済ませたら、実際に音声検索を試してみましょう。単純なキーワード検索はもちろん、外国語への翻訳、天気や路線の検索など、音声で様々なことを調べることができます。

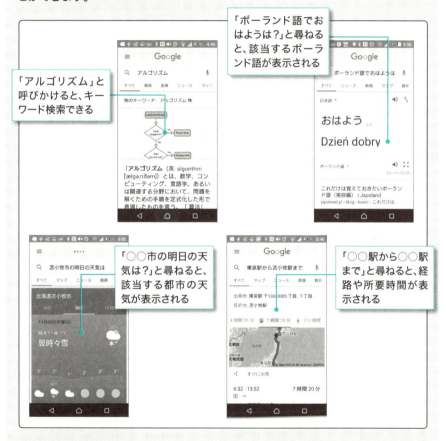

音声検索を利用すれば、あたかもスマートフォンと対話しているかのような使い方が可能です。ここで紹介した操作以外にも、メールやカレンダーなどのアプリを音声で起動したり、地図を表示させたりすることも可能です。では、一体どのようにして機械に「言葉」を理解させているのでしょうか。そこで登場するのが「音声認識アルゴリズム」です。

学ぼう！

【2-3-1】
機械に言葉を理解させる
音声認識アルゴリズム

◇ 音声認識の歴史

　「音声認識」とは、人間が話した言葉をコンピュータが文字に変換する技術のことです。冒頭の実習で紹介した「OK Google」も、この音声認識技術を利用したアプリケーションの1つとなります。

　音声認識を利用すれば、キーボードやタッチパネルなどから入力操作をする必要はなく、デバイスに向かって語りかけるだけで、様々な操作を行うことができます。

　ちなみに音声認識の取り組みは、1970年代に始まりました。ただ、当時はコンピュータの処理能力が低く、音声認識アルゴリズムも未熟であったため、実用化とは程遠い状況でした。

　1990年代に入ると、ゲームメーカーのセガ（当時）が音声認識機能を搭載した家庭用ゲーム機ソフト「シーマン」を発売したり、IBMが音声認識ソフト「IBM ViaVoice」を発表したりするなど、音声認識が実用化段階に入ります。とはいえ、その精度はあまり高いものではなく、現在の音声認識サービスのクオリティとは比較になりませんでした。

　しかし2000年代に入ると、コンピュータの処理能力が飛躍的に向上し、音声認識アルゴリズムも進化します。

　それに伴い、電話の自動音声応答振り分けサービス、ボイスポータル[11]、株価案内の音声操作など、音声認識サービスが様々なシーンで応用されるようになりました。

---

[11]　**ボイスポータル** 電話でキーワードを告げると、そのキーワードに関する情報をインターネットで検索して音声で応答してくれるサービスです。

2-3-1　機械に言葉を理解させる音声認識アルゴリズム

◈ 「音」が伝わる仕組み

　では、音声認識サービスでは、一体どのようにして機械に音声を認識させているのでしょうか。

　それを理解するには、そもそも「音」が伝わる仕組みから考えなくてはなりません。「音」は、いわば「空気の振動」です。振動によって近くの空気が押されると、押されたぶんだけ空気が濃くなります。空気の濃い部分がさらに近くの空気を押すことで、水面に起きる波のように伝播します。この波が音の波、すなわち「音波」です。

　ちなみに音波は、空気の薄い層（疎）と濃い層（密）が交互に伝わっていくので、「疎密波」と呼ばれます。疎密波が耳に届くと鼓膜が振動し、その振動が「信号」として脳に伝わることで、脳は振動を「音」として判断するのです（図38）。

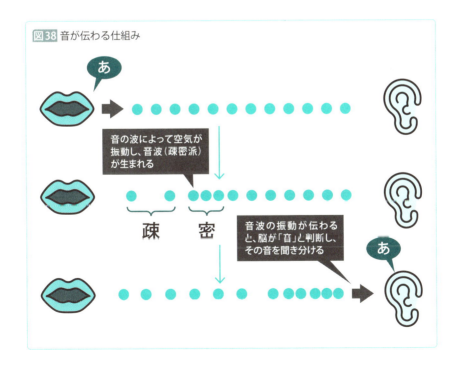

図38 音が伝わる仕組み

CoffeeBreak　1990年当時の音声認識技術

　筆者は1990年に、ある製鉄会社の工場で採用予定の音声認識システムの開発に携わったことがあります。

　具体的には、システムを利用する作業員に対して、事前に数十個の単語を自分の音声でフロッピーディスクに録音させました。そのフロッピーディスクから音声データを読み込ませることで、システムを利用できるようにしようという仕組みです。従来は手書きで記入していたデータを音声によって自動入力させ、効率化を図るのがシステム導入の目的でした。そのシステムには、当時最先端の国産音声認識装置が採用されていたことを覚えています。

　設計上の問題はなく、社内のテストでもこのシステムは正常に動作していていました。ところが、いざ工場に持ち込んでテストをしてみると、不具合が多発してしまいました。最も多かったのは、作業員が風邪を引いたり二日酔いだったりした場合、録音した音声と一致せず、正しく認識されないという不具合です。現在では考えられないですね。

　結局設計をやり直す結果となったのですが、当時の音声認識技術はそんなレベルだったのです。

◇ 音声認識の仕組み

　では、具体的な音声認識の仕組みを見てみましょう。

　実際の音声認識では、図39のように、「音響分析」と「マッチング」によって、入力した音声を文字列に変換します。

　「音響分析」とは、入力された音声データが、どのような「音素」から構成されているかを調べるものです。音素は母音や子音など、言語の音を構成する最小単位のことで、その数は言語によって異なります。日本語の音素は40種類ほどあるそうです[12]。

　音声は話す人によって大きさや高さが異なりますが、同じ言語であれば、

---

[12]　分類の方法によって異なります。

2-3-1　機械に言葉を理解させる音声認識アルゴリズム

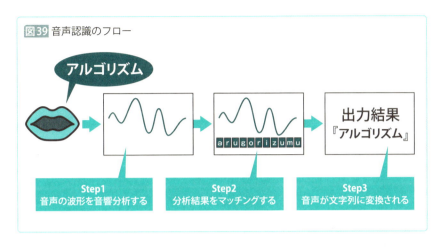

図39 音声認識のフロー

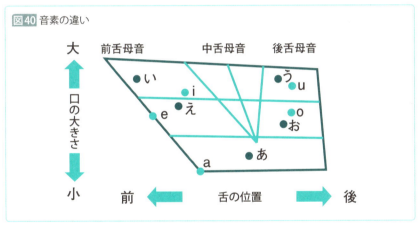

図40 音素の違い

音素は変わりません*13。一方で、言語が異なると、似たような発音でも音素が異なります。

　例えば、日本語の「あいうえお」と英語の「aiueo」は、発音は同じようなものですが、音素は異なることになります（図40）。

　一方で、前述の通り「声の大きさや高さ」は人によって個人差がありま

---

*13　同じ言語でも方言によって、音素は若干異なる場合があります。

103

すが、同じ言語であれば音素は変わらないので（＝声の大きさや高さは音素とは無関係なので）、音声認識においては、音声データから取り除かなくてはなりません。

　もう少し詳しくいうと、人間の声の大きさや高さ、つまり「音源」は個人差が大きいですが、舌の位置や口の開き、つまり「声道の形状」は、同じ言語を話すのであれば個人差はさほど大きくありません。つまり、声道の特性だけを取り出せば、音響分析を行いやすくなるということです（具体的には、激しく変化する音源の高周波成分と、緩やかに変化する声道の低周波成分を分離することで、声道の特性を取り出しています）。

◇ 音響分析のアルゴリズム

　音響分析では、いくつかの分析手法（アルゴリズム）を組み合わせ、音声から「その音素が何であるか」を判定します。音響分析の例を 図41 に示します。

図41 音響分析アルゴリズムの組み合わせ例

① 周波数スペクトル分析
フーリエ変換を使用し、音声の中から音素の
パワースペクトル（音素を構成する周波数）をグラフ化する

② ケプストラム分析
パワースペクトルを加工してフーリエ変換することで、ケプストラムという波を作る。
ケプストラム（Cepstrum）は、スペクトル（Spectrum）の最初の4文字を入れ替えた造語。
音源と声道は周波の高低が異なるという特性を生かし、両者を分離する

③ フォルマント分析
ケプストラムから緩やかに変化する周波数成分を抽出して逆フーリエ変換を行う
（作られた波のピークを、低い周波数から第1フォルマント、第2フォルマントという）。
フォルマントの周波数は声道の形状と一致しているため、
同じ音素であれば、個人差はあるものの近い周波数になる

④ フォルマント分布
老若男女の様々な声のデータから抽出したフォルマントと、フォルマント分析の結果を
パターンマッチング（比較）することで、音素が何であったかを認識する

2-3-1　機械に言葉を理解させる音声認識アルゴリズム

　個々の手法を詳述すると物理学の世界になってしまいますので、ここでは大まかなイメージのみつかんでもらえれば結構です。

　ただ、1つ紹介しておかなければならないのが「フーリエ変換」というアルゴリズムです。

　フーリエ変換は、フランスの数学者・物理学者であるジョゼフ・フーリエ (Jean Baptiste Joseph Fourier、1768 ～ 1830) によって考案されました。

　フーリエ変換については、英文による数学解説サイト「Better Explained」で次のように説明しています[14]。大変秀逸なたとえなので紹介しておきましょう。「スムージーを渡すと、スムージーのレシピを教えてくれる」。このたとえが、フーリエ変換の本質を示しています。

　フーリエ変換を用いれば、音声の波形に含まれる周波数の成分比を求めることができます。音声認識で音声波形から成分を分離し、音素を取り出すためにはぴったりのアルゴリズムです（余談ですが、フーリエ変換はMP3フォーマットにも活用されています）。

◇ フーリエ変換の働き

　フーリエ変換について、もう少し詳しく説明しましょう。

　全ての音声 (波形) は、「正弦波 (sin wave、サイン波) を合成したもの」と考えることができます。音の場合、正弦波の周波数が高い (波が細かい) ほど高音になります。周波数の単位はHz (ヘルツ) で表しますが、440Hzは「ラ」の音、その倍の880Hzは1オクターブ高い「ラ」の音、という具合です。

　また、周波数の高さだけでなく、振り幅を変えることで、より多くの音声を表現できることになります。

　仮に正弦波の周波数 (波の細かさ) を「1、2、3、4」、振り幅の大きさを「f1、f2、f3、f4」とすると、周波数が1の場合は「f1 × sin x」、周波数が2の場合は「f2 × sin 2x」、周波数が3の場合は「f3 × sin 3x」……のよ

[14] URL https://betterexplained.com

うに、音声波形を数式で表現できます（図42）。

このときf1、f2、f3、f4の値が不明だったとしても、フーリエ変換を用いれば、f1の値は「3」、f2の値は「4」、f3の値は「2」、f4の値は「7」とい

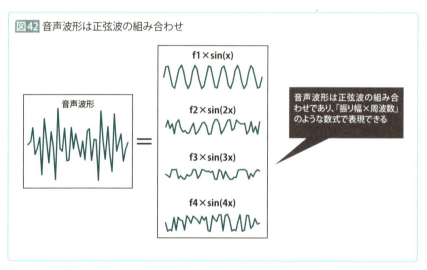

図42 音声波形は正弦波の組み合わせ

音声波形は正弦波の組み合わせであり、「振り幅×周波数」のような数式で表現できる

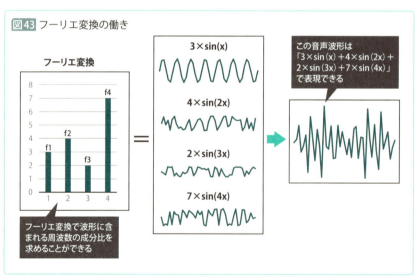

図43 フーリエ変換の働き

この音声波形は「3×sin(x)＋4×sin(2x)＋2×sin(3x)＋7×sin(4x)」で表現できる

フーリエ変換で波形に含まれる周波数の成分比を求めることができる

う具合に、成分比を調べることができるのです（図43）。

　つまり、最初の波形は「$3 \times \sin x + 4 \times \sin 2x + 2 \times \sin 3x + 7 \times \sin 4x$」という式で表現できることになるのです。これがフーリエ変換の素晴らしさです。

◇音素と文字列のマッチング

　音素が分析できたら、次にそれぞれがどのような意味を持つ文字列であるかを判断しなければなりません。文字列を構成する単語は、「音素の並び」です（図44）。

　具体的には、先の音響分析の結果とマッチングし、該当する文字列（音素の組み合わせ）を判断することになります。

　ただし、音素の組み合わせは膨大な数に上るため、全てをゼロから判別していては、とても有限時間内に処理できません。

　そこで、音声認識サービスでは、共通する音素をネットワーク化しておくことで、より高速な処理を実現しています。

　例えば「arugorizumu」「arubaito」「arubamu」は、「aru」までは全て共通です。さらに、「arubaito」と「arubamu」は「aruba」まで共通しています。このように、共通する部分から枝分かれさせることで、マッチングの精度が上がり、また処理も高速になるわけです（図45）。

　同様に、単語が「音素の組み合わせ」であるならば、文章も「音素を組み合わせである単語の組み合わせ」といえます。

　そこで、同じように単語レベルで枝分かれしてネットワーク化すれば、文章のマッチングも可能になります。

　このような処理を経て、音声データを文字列に変換し、「音声認識」を実現しているのです。

図44 単語は「音素」の組み合わせ

アルゴリズム

アルバイト

アルバム

図45 ネットワーク化とパターンマッチングのイメージ

共通する音素でネットワーク化しておくことで、処理を高速にする

音素の分析結果をもとにマッチングを行い、該当する音素（単語）を調べる

学ぼう！

〔2-3-2〕
機械に写真を見分けさせる画像認識アルゴリズム

◇画像認識とRGB

　画像認識（image recognition）とは、画像や動画などのデータから、文字や顔などのオブジェクト（物、物体）を見つけ出す技術です。

　昨今は、この画像認識が様々な場面で活用されており、その精度も年々高まってきました。

　では、画像認識はどのような仕組みで行われているのでしょうか。

　前節で「音声認識」の仕組みを解説しましたが、実は「画像認識」も、基本的な仕組みはほぼ同じです。

　音声認識では、音声を「音素」に分け、その音素に当てはまる文字列をパターンマッチングすることで、言葉を識別していました。

　一方画像認識では、画像を「色情報」で分け、画像に何が写っているかをパターンマッチングで識別します。

◇全ての画像は数値で表現できる

　どういうことかというと、デジカメ画像や動画などのデータは、RGBカラーで色を表現しています。RGBとは、光の3原色である赤（Red）、緑（Green）、青（Blue）の頭文字です。

　24bitカラーの場合、RGBそれぞれの色の強さを8bit（256段階）で表現できます。例えば赤（Red）を「250」、緑を「200」、青を「200」とすると、その色は「ピンク色」になるという具合です。こうして、様々な色を3つの数値で表すことが可能になっているわけです。

　さて、画像認識を行う場合は、まず画像をます目に区切ります。図46の例では、縦横をそれぞれ20ますに区切っています。区切ったあとの1つのます目を拡大すると、当然様々な色が含まれますが、含まれる全ての色

109

を、平均して1色にしてしまいます。あとは、その1色を数値にしてしまえば、画像の1ますを数値で表せることになります。また、仮に縦横のますの区切りの個数、つまり20×20で400回繰り返せば、画像全体を数値で表現できることになります（図47）。

　ただし、逐一画像全体を数値化していては有限時間内に処理できないので、画像認識アルゴリズムでは、いくつかのます目の集合パターンによってマッチングを行い、その画像が何であるかを判断します。

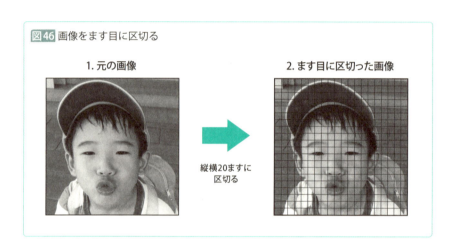

図46 画像をます目に区切る

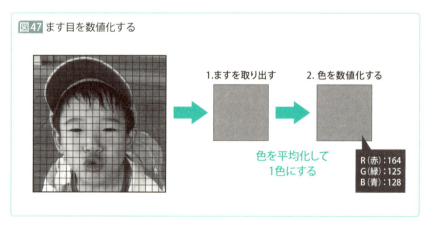

図47 ます目を数値化する

2-3-2 機械に写真を見分けさせる画像認識アルゴリズム

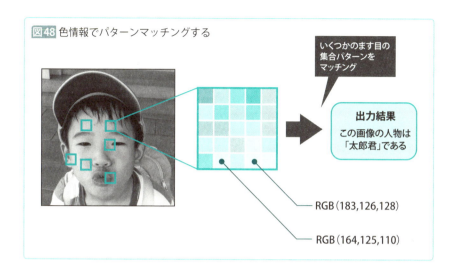

図48 色情報でパターンマッチングする

　例えば人間の顔を識別する「顔認証」でいえば、人によって「肌や髪の色」「鼻の高さ」「眉毛の形」などが異なりますよね。

　いくつかのます目を見てパターンマッチングを行うことで、「その人が誰か」を最終的に判断しているわけです（図48）*15。

◇画像認識の利用例

　現在、画像認識は、様々なシーンで利用されていますので、代表的なものを紹介しておきましょう。画像認識を用いればどのようなサービスが実現できるのか、またその有用性が見えてくるはずです。

OCR

　OCR（Optical Character Recognition/Reader、光学的文字認識）は、手書き文字や印刷された文字を、イメージスキャナやデジタルカメラなど

---

*15　画像認識に限らず、本書で紹介する技術手法はあくまで一例であり、他にも様々な技術が用いられています。

の機器よって読み取り、コンピュータ内部で利用可能な文字コード[*16]に変換する技術です。人間は手書き文字でも印刷文字でも関係なく文字を認識できますが、コンピュータは内部的には「文字コード」によって文字を認識しています。

　OCRを用いれば、書籍などを読み取ることも可能です。また、住所や名前を読み取る名刺管理ツールにも、OCRが用いられています。

バーコード

　バーコード (bar code) は、線 (バー) と空白 (スペース) の組み合わせでデータを表現する仕組みです。数字・文字・記号で構成される情報データを、ルールに従ってバーコードに変換します。

　バーコードはバーコードリーダー (バーコードスキャナ) という機器で読み取ります。バーコードにはいくつかの種類があります。コンビニやスーパーなどのPOSシステムで利用されるバーコードは、図49のようなJAN (Japanese Article Number) 規格が使われています。JAN規格は標準13桁、短縮8桁の数字で構成されます。

図49 バーコードの仕組み

[*16] 文字コード コンピュータに識字させるために、文字をバイト表現で表したものです。日本国内だけでも「JIS」「Shift JIS」「EUC」など、様々な文字コードがあります。

CoffeeBreak　RGBとCMYK

　本文で紹介した通り、デジカメ写真などはRGBカラーで色を表現します。またPCのディスプレイも同様に、このRGBカラーで表現されています。

　一方、紙などの印刷物はデジタルとは異なり、CMYKカラーで色を表現しています。CMYKは色料の3原色であるシアン（Cyan）、マゼンタ（Magenta）、イエロー（Yellow）に、キー・プレートの黒（Key Plate）を追加した4色です。カラープリンタでインク交換するとき、これら4つのインクがあるのを見たことがある人もいるかもしれません。デジタルデータと印刷物では、使用されるカラーモードが異なるわけです。

QRコード

　QRコードは白黒の正方形（セル）の組み合わせでデータを表現する仕組みです[*17]。バーコードは横方向にしか情報を持たない（一次元）のに対して、QRコードは縦横（2次元）に情報を持ちます。また、バーコードは横方向に読み取る必要がありますが、QRコードは360度どこからでも読み取ることができます。よって、バーコードと比べて格納できる情報量が多く、数字だけでなく英字や漢字など多言語のデータも格納できます。

　QRコードもバーコードのように専用のリーダー（スキャナ）を使って読み取りますが、昨今はスマートフォンのカメラ機能を利用したQRコードリーダーアプリケーションも多数あります。

指紋認証

　昨今は、ユーザー認証に「IDやパスワード」ではなく、人体の身体的特徴を生かした生体認証（バイオメトリクス認証）が用いられるケースが増えてきました。

　指紋認証（fingerprint authentication）も生体認証の1つで、読み取り

[*17]　QRコードは、株式会社デンソーウェーブ（http://www.qrcode.com/）の登録商標です。

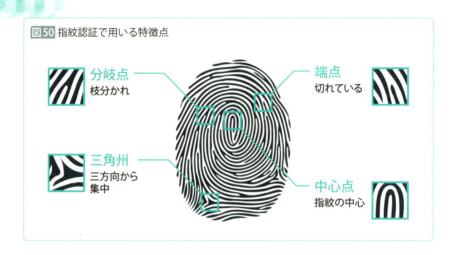

図50 指紋認証で用いる特徴点
分岐点 枝分かれ
端点 切れている
三角州 三方向から集中
中心点 指紋の中心

装置で指紋を「画像」として読み取り、本人かどうかを確認します。指紋は人によって異なりますし、年月を経ても模様形態は変化しないため、認証に用いやすいという特徴があります。

ちなみに指紋認証では、指紋模様の中心点から、端点、分岐点、三角州のような特徴点がどの位置にあるかをデータ化します（図50）。特徴点は百個程度あれば、本人であるかどうかを照合できるようになっています。

虹彩認証

虹彩認証（iris recognition）も生体認証の1つで、人間の瞳孔の周りにある「虹彩」を認証に利用します。虹彩は瞳孔の拡大・縮小の調整を行う環状の膜で、この模様は人によって異なります（同一人物であっても左右で異なります）。指紋と同様に経年による変化がありませんから、認証に適した生体情報です。ただし、虹彩読み取りセンサーは複雑な仕組みであり、価格も高価なので、主に高いセキュリティレベルが必要な企業や自治体の入退室管理などで使われています。

顔認証

顔認証（face recognition）は、顔のパーツ（目、鼻、口、耳など）を特

徴点としてデータ化することで、本人を照合する方法です（P.278参照）。顔の画像自体が登録されるのではなく、画像から顔の特徴を数値化したデータを保存します。

そのため、サングラスをかけたり、髭を生やしたり、マスクをかけたりしていても、高精度で認識することができます。

近年の顔認証技術は、人間でも見分けにくい一卵性双生児であっても識別できるレベルに達しており、例えばfacebook社は、同社の顔認証技術「DeepFace」において、97.35％の精度で顔認識が可能であると発表しました[18]。

なお、「DeepFace」には「ディープラーニング（深層学習）」というアルゴリズムが用いられていますが、詳しくは第7章で解説します。

自動運転

昨今は自動車の自動運転技術が目覚ましい進歩を遂げていますが、この自動運転にも画像認識が使われています。

自動運転を実現するには、車載カメラによる障害物認識、車線認識、標識認識、歩行者検地などの「オブジェクト認識」が必要となりますが、これは高度な画像認識技術がなくては成り立ちません。

ちなみに内閣府が公開した「戦略的イノベーション創造プログラム（SIP）自動走行システム　研究開発計画」（2016年10月20日）では、自動運転の開発に関して、「2025年を目途に完全自動走行システムの市場化がそれぞれ可能となるよう、協調領域に係る研究開発を進める」としています[19]。

この発表を見ると、ハードウェアの処理速度向上やアルゴリズムの進歩のおかげで、画像認識技術が目覚ましい進歩を遂げていることがわかると思います。

---

[18] URL https://research.facebook.com/publications/deepface-closing-the-gap-to-human-level-performance-in-face-verification/

[19] URL http://www8.cao.go.jp/cstp/gaiyo/sip/keikaku/6_jidousoukou.pdf

やってみよう！

【2-4】
自分のいる緯度・経度を調べてみよう

スマートフォンやタブレットなど、GPS機能を備えたデバイスでは、自身のいる位置情報を即座に調べることができます。位置情報には「経度」「緯度」「高度」の3つのデータがありますが、一般に高度はあまり使われず、経度と緯度が重要な情報として扱われます。ここでは、実際に自身がいる経度と緯度を調べてみましょう。

Step1 ▷ Webブラウザで経度と緯度を確認しよう

経度と緯度を調べる簡単なプログラムを用意しました。手元のPC、スマートフォン、タブレットなどで実行ファイルを試し、経度と緯度を調べてみてください。なお、実行ファイルはWebからダウンロードできます*。

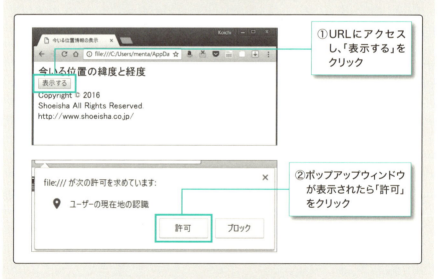

* サンプルファイルは以下のWebサイトからダウンロードしてください。
http://www.shoeisha.co.jp/book/download/9784798145280

2-4 自分のいる緯度・経度を調べてみよう

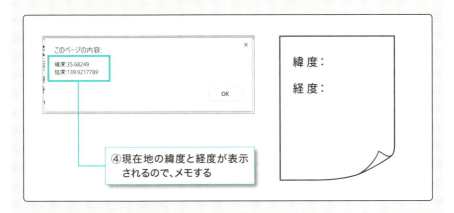

④現在地の緯度と経度が表示されるので、メモする

Step2 ▷ Googleマップで現在地を調べよう

次に、WebブラウザでGoogleマップ（https://www.google.co.jp/maps/）を開きます。検索ボックスに、Step1でメモした経度と緯度を「緯度,経度」のように入力し、現在地を表示させてみましょう。

①検索ボックスに「緯度,経度」と入力してEnterキーを押す

②指定した経度、緯度が中心となった地図が表示される

学ぼう！

〔2-4-1〕
現在位置を知る位置情報取得アルゴリズム

◇「位置情報」とは何か

　カーナビや、宅配便などのトラッキング（追跡）システム、子供の居場所を調べるキッズケータイ（ジュニアケータイ）など、位置情報取得サービスは、様々な場面で活躍しています。

　では、スマートフォンやPCは、どのような仕組みで位置情報を取得しているのでしょうか。

　それを知るためには、そもそも「位置情報とは何か」ということから理解しなくてはなりません。

◇緯度と経度

　最初に覚えておいてほしいのは、冒頭の実習でも調べた「経度と緯度」です（実際の位置情報には「高度」も含まれますが、多くのアプリケーションは位置情報として経度と緯度のみを利用しているので割愛します）。

　「緯度（latitude）」は、地球の「南北方向の角度」を示す値です。赤道が「緯度0」で、赤道より北の「北緯」は「北に0〜90度」、赤道より南の「南緯」は「南に0〜90度」になります（図51）。ちなみに北極点が北緯90度、南極点が南緯90度です。また、地図上に書かれる赤道に平行な線を「緯線（いせん）」といいます。

　一方、「経度（longitude）」は地球の「東西方向の角度」を表す値です。国際機関によって定められた「IERS基準子午線（IERS Reference Meridian）」が「経度0」で*20、この線は「本初子午線」とも呼ばれます。

　IERS基準子午線より東が「東経」、西が「西経」で、東経と西経はそれ

---

*20　IERS（International Earth Rotation and Reference Systems Service）は、国際地球回転・基準系事業を行う国際機関です。

2-4-1　現在位置を知る位置情報取得アルゴリズム

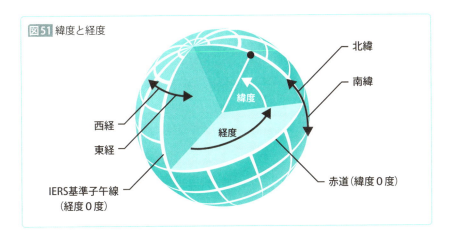

図51 緯度と経度

それぞれ0度～180度です。また、地図上に書かれたIERS基準子午線を「経線（けいせん）」といいます。

CoffeeBreak　グリニッジ子午線

　本文で説明した通り、「緯度」は赤道を基準にしています。赤道とは、「地球の重心を通り、地球の自転軸に垂直な平面が地球表面を切断する理論上の線」と明確に定義できます。

　一方、「経度」の基準は、赤道のように自然界に明確に存在するわけではないため、どの経線を経度0度にするかを人為的に決定する必要があります。つまり恣意的に設定できたので、1760年代にはスペインやフランスなどが、自国に都合のよい独自の経度を定めていました。

　これでは不便なので、1884年にワシントンD.C.にて国際子午線会議が開催され、英国のグリニッジ天文台跡を通る南北の円を「本初子午線（経度0度0分0秒）」とすることが採択されました。

　その後、本初子午線は本文でも触れた「IERS基準子午線」が、グリニッジ子午線を継承する形で採用されます。IERS基準子午線は、グリニッジ子午線の102.478メートル東（角度にして5.3101秒東）を通っていますが、若干の誤差なので、現在でも名称が広まっているグリニッジ子午線が「本初子午線」の意味で使われることもあります。

119

緯度と経度は「角度」なので、一般的に「東経139度43分16秒530（または139度43分16.530秒）」のように、「度・分・秒」で表します。ただ、微妙な表現方法の違いがあり、「東経 139°43′16″530」のように、度を「°」、分を「′」、秒を「″」で記述したり、「139.7212586度」のように、「度」のみで示す場合もあります（図52）。冒頭の実習で触れたGoogleマップは、度のみで示す形式を採用しています。

　当然ですが、緯度と経度のどちらか片方だけわかっても、位置を知ることはできません。緯度と経度はそれぞれ地球を1周する環（わ）なので、その「交点」が位置ということになります（図53）。

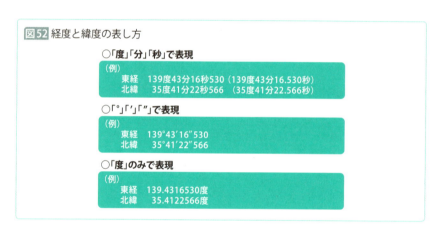

図52 経度と緯度の表し方

○「度」「分」「秒」で表現
（例）
東経　139度43分16秒530（139度43分16.530秒）
北緯　35度41分22秒566　（35度41分22.566秒）

○「°」「′」「″」で表現
（例）
東経　139°43′16″530
北緯　35°41′22″566

○「度」のみで表現
（例）
東経　139.4316530度
北緯　35.4122566度

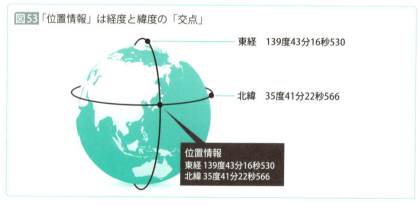

図53 「位置情報」は経度と緯度の「交点」

東経　139度43分16秒530
北緯　35度41分22秒566

位置情報
東経 139度43分16秒530
北緯 35度41分22秒566

◇ 「秒未満の小数値」の必要性

ところで、経度や緯度は、「139度43分16秒530」のように「秒未満の小数値」まで示しますが、なぜここまでの精度が必要なのでしょうか。

その理由は、例えば「角度1秒」が、赤道ではどれくらいの距離になるかを考えてみればわかります。

おおよその距離を経度で計算してみましょう。

① 地球の周囲（赤道の距離）は約40000キロメートル
② 東経（西経）は①の半分なので20000キロメートル
③ ②は180度なので、1度は20000km÷180
④ 1度は60分なので、1分は20000km÷180÷60
⑤ 1分は60秒なので、1秒は20000km÷180÷60÷60
⑥ ⑤を計算すると、1秒は約0.03086（約30メートル）となる

つまり、緯度や経度が1秒違うと、約30メートル離れることになります[21]。実際に位置情報を調べるときを想像すればわかると思いますが、目的地と位置情報の表示が30メートルもずれていては困りますよね。

このように、実用に足る精度を確保するために、経度や緯度は秒未満の小数点まで示す必要があるのです。

◇ 「測地系」によって基準が変わる

位置計測を考えるうえで、もう1つ覚えておかなければならないのが「測地系（測地基準系）」です。測地系とは、緯度・経度や標高で地球上の座標を示すときの系（システム）のことで、採用する測地系によって緯度・経度の基準が変わります。

---

[21] 「経度1秒の長さ」は、緯度によって異なります。赤道上では約30メートルですが、緯度35度上では約25メートルとなります。また緯度90度（北極点や南極点）では0メートルです。

実は、地球は完全な球体（楕円体）ではないので、緯度・経度を求める
ための原点や座標軸を多種多様に決めることができます。

　実際、各国が自国に都合のよい測地系を作っているため、測地系は100
種類以上も存在します。測地系によって緯度・経度が微妙に異なるため、
どの測地系が使われているのかは重要な情報となります。主な測地系を紹
介しておきましょう。

WGS84

　WGS84は「World Geodetic System（世界測地系）1984」の略で、米国
が構築・維持する測地系です。

　インターネットサービスでは、Bing Maps、Googleマップ、ウィキペディ
ア、Yahoo!地図などが、このWGS84を採用しています。

日本測地系（旧日本測地系）

　日本測地系（旧日本測地系）は、2002年4月1日の測量法改正まで使わ
れていた測地系で、日本全国の正確な1/50,000地形図を作成するために
考案されました。港区麻布台の旧国立天文台跡地を経緯度原点としてお
り、インターネットのサービスでは、goo地図、MapFan、Mapionなど
が採用しています。日本測地系の緯度・経度をWGS84で表すと、経度が
約マイナス12秒、緯度が約プラス12秒異なるため、東京付近では北西方
向に450メートルほどズレることになります。

日本測地系2011（JGD2011）

　日本測地系2011（JGD2011）は国土地理院が策定した日本独自の測地
系で、2002年4月1日の測量法改正から、上述の旧日本測地系に代わっ
て使われるようになりました。日本測地系（旧測地系）から「日本測地系
2000（JGD2000）」に移行し、さらに2012年の測量法改正で、この「日
本測地系2011（JGD2011）」に移行したという経緯があります。

　英語名称は「The Japanese Geodetic Datum」ですが、広義には世界測
地系の1つです。JGD 2000の緯度・経度はWGS84と若干相違がありま

したが、JGD 2011ではほとんど差がなくなっています。

◇ GPSによる位置情報測定

ここまで、経度や緯度、その表し方、基準となる測地系について解説してきました。これらを利用して導き出される情報が「位置情報」ということになります。

では、それを踏まえ、いよいよ位置情報取得の仕組みについて解説していきましょう。

現在用いられている代表的な位置情報取得システムが「GPS（Global Positioning System、全地球測位システム）」です。

GPSは米国で開発・運用されているシステムで、元々は米軍の位置情報確認のために作られたものです。

GPSでは、GPS衛星から発信される電波をGPS受信機で受け、現在位置を特定しています（なおGPS衛星は静止衛星ではなく、高度約2万メートルを1周約12時間で周回しています）。

GPSが発信する電波には、衛星の軌道情報と、原子時計[*22]による正確な時間情報が含まれています。複数のGPS衛星から測定地点までの距離を計測すれば、測定地点の3次元的な位置がわかるという仕組みです。

◇ GPS衛星による距離の測り方

もう少し詳しく説明しましょう。

そもそも「距離」は、「速度×時間」で求めることができます。GPS衛星からGPS受信機までの距離は、「c×時間」で求めます（図54）。「c」は「光速」（299,792,458m/秒と定義されています）のことで、「時間」とは「信号が届くまでの時間」です。

GPS衛星が採用している原子時計では、なんと10億分の1秒単位で時

[*22] **原子時計** 原子や分子固有の周波数に基づき、精度の高い時間を刻める時計のことです。

123

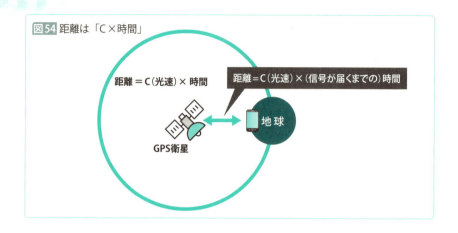

図54 距離は「C×時間」

間を正確に知ることができます。GPSの電波にはこの原子時計の時間情報が含まれているので、誤差1〜5メートル程度の精度で位置を取得することができるというわけです。

◆ GPSのアルゴリズム

では、具体的なGPSの位置測定アルゴリズムを見てみます。

GPSの仕組みでは、GPS受信機（スマートフォンやタブレットなど）は3＋1個のGPS衛星からの電波を受信することにより、位置を測定しています。まず、1つ目のGPS衛星からの電波をGPS受信機が受信すると、このGPS衛星を中心とした半径のいずれかに、受信機があることになります。仮に衛星からの距離が5万キロであれば、半径5万キロメートル内の球面のどこかに受信機があります。

さらに、2つ目の人工衛星からの距離がわかると、GPS受信機は2つの球が重なる円のどこかにあることになります。

仮に2つ目の衛星からの距離が3万キロメートルだった場合、2つ目の衛星を中心とする半径3万キロメートル内の球面のどこかで、かつ1つ目の衛星からの半径5万キロメートルと重複する範囲のどこかに、受信機があることになります（図55）。

2-4-1 現在位置を知る位置情報取得アルゴリズム

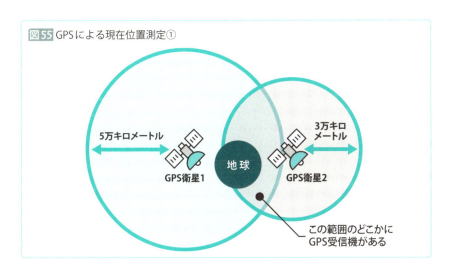

図55 GPSによる現在位置測定①

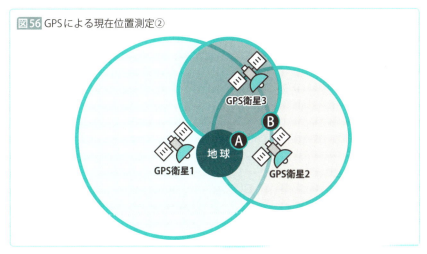

図56 GPSによる現在位置測定②

　最後の3つ目のGPS衛星からの距離がわかると、GPS受信機は、3個のGPS衛星が重なる円と円の交点2点のどちらかにあることになります。図56の場合はA点かB点ですが、B点は地球に接していないので、B点ではないほうの点、すなわちA点がGPS受信機の現在地ということになります。

◈ 4つ目の衛星で時刻を修正

　このように、3つのGPS衛星があれば現在位置はわかるのですが、4個目のGPS衛星が何をしているかといえば、時計の修正のために使われます。

　GPS衛星には、前述の通り正確な原子時計が内蔵されていますが、スマートフォンなどGPS受信機に内蔵されているのはそこまで精度が高くない一般的な時計です。

　一般的な時計でも日常生活を送るぶんには問題ありませんが、距離を正確に測定するためには、GPS衛星の正しい時刻に合わせなくてはなりません。GPS受信機ではGPS衛星の情報をもとにし、自動的に時刻の誤差を修正します。これにより、最終的に正確な現在位置を割り出しているわけです。

CoffeeBreak　GPSとGNSS

　本文でも触れた通り、元々GPSは、米軍の位置確認のために作られた航法システムの名称です。GPSは軍事用のシステムとして構築されましたが、1987年の大韓航空機撃墜事件の発生後、民間機の安全な航行のために民間にも開放されます。

　ただし当時は、SA（Selective Availability：選択利用性）と呼ばれる、精度を意図的に落とす措置が加えられており、民間用GPS受信機の測位精度は100メートル程度に抑えられていました。

　このSAは2000年5月に米国国防総省によって解除され、今では民間でも1〜5メートルの誤差で測定できます（一方軍事用は1〜5センチの誤差で計測できるそうです）。

　GPSは大変便利で様々なシーンで活用できるため、昨今は他の国もGPSに類似したシステムの構築を始めました。ロシアの「GLONASS」、EUの「Galileo」、中国の「北斗衛星導航系統（英語名はCompass）」などです。なお、GPSや、GPS類似のシステムを総称して「GNSS（Global Navigation Satellite System）」といいます。

◇位置情報を取得するその他の手がかり

GPSは精度が高いのですが、測定が行えるのはGPS衛星からの電波が十分に受信できる場合に限られます。ビル内や地下は、GPS衛星からの電波が受信できないので、GPSによる位置測定が行えません。

ただ、GPS搭載のスマートフォンでは、GPS衛星からの電波を受けられない室内や地下でも位置を測定することが可能ですよね。また、冒頭の実習でも触れた通り、GPS機能を持たない自宅PCなどでも、位置を取得することができます。

なぜこのようなことが可能かというと、GPSが使えない場合でも位置を取得するための方法がいくつか用意されており、その仕組みを利用するためです。いくつか例を挙げていきましょう。

携帯電話の基地局

スマートフォンやタブレットなど、通話や通信に利用している「基地局」の位置情報を利用することで、位置を取得する方法があります。

具体的には、基地局は、それぞれを識別するためのIDと設置場所の地理的な情報を保持しているので、その情報を利用します。精度は高くないのですが、携帯電話の電波が届く範囲であれば、建物内や地下でも利用することができるので、GPSが使えない場合でも位置を測定できます。

なお、基地局を経由し、衛星からの軌道データを取得するA-GPS（Assisted Global Positioning System）という仕組みもあり、このA-GPSに対して、普通のGPSを「スタンドアロンGPS」と呼ぶ場合もあります。

IPアドレス

位置情報の取得にIPアドレスを活用する方法もあります。

IPアドレスはPCやサーバなどの通信機器を識別するためのアドレスです。「インターネットの住所」と例えられることが多いですが、実際には正確な地理位置と対応しているわけではありません。

ではどうしているかというと、IPアドレスはIANA（International Assi

gned Numbers Authority) と呼ばれる国際組織が管理しており、IANA が国や地域ごとに、ISP (インターネットサービスプロバイダ) へ分配しています。

この各プロバイダが利用者向けに提供しているIPアドレスと、プロバイダの所在地情報を対応付けるデータベースを構築・活用することで、IPアドレスから位置を割り出すサービスも存在します。

ただし、この方法で割り出せるのはあくまで「大まかな位置」に留まり、場合によっては全く異なる位置情報が得られる場合もあるので注意が必要です。

MACアドレス

MACアドレスは、スマートフォンやPC、無線LANアクセスポイントなど、様々なハードウェアに割り当てられる固有のアドレスです。

このMACアドレスから位置情報を取得する方法もあります。

私たちが無線LANを利用する場合、自宅や会社内、公共施設や飲食店など、様々な場所に設置されている無線LANアクセスポイントに接続しています。

そしてスマートフォンやタブレット、ノートPCなどの無線LAN搭載デバイスは、特に認証の必要なく、周囲の無線LAN機器のMACアドレス情報や電波の強度を取得することができます。

この情報と既知の位置を関連付けるデータベースを構築することで、Wi-Fiの電波を利用した位置を推定するサービスが提供されています。誤差は5〜100メートル程度で、都市部では、このシステムを利用することが可能なエリアが広がっています[23]。

---

[23]　例えばクウジット社が提供する「PlaceEngine (http://www.placeengine.com/)」というサービスでは、ユーザーが自分で無線LAN機器のMACアドレスと物理的な場所の情報を追加できる仕組みが用意されています。

2-4-1 現在位置を知る位置情報取得アルゴリズム

第2章のまとめ

- ・「検索」とは、大量のデータの中から目的のデータを探し出すことである
- ・「ムーアの法則」とは、「半導体の集積率は18ヶ月で2倍になる」という経験則である
- ・「線形検索」は、複数のデータから探したいデータが見つかるまで、最初から順番に検索するアルゴリズムである
- ・「二分検索」は、検索する範囲を半分ずつにして、目的のデータが見つかるまで検索を続けるアルゴリズムである
- ・データをどのように保持するかという形式のことを、「データ構造」という
- ・データ構造の1つである木構造には、「二分木」「二分探索木」「AVL木」「B木」などの種類がある
- ・「経路探索」とは、スタート地点からゴール地点に到達するまでに複数経路がある場合、条件に従った経路を発見することである
- ・「組み合わせ爆発」とは、単純に解決しようとすると、入力の組み合わせの数が莫大になり、出力も巨大になるような問題である
- ・「音声認識」とは、人間の話した言葉をコンピュータが文字に変換する技術のことである
- ・「画像認識」とは、画像や動画などのデータから、文字や顔などのオブジェクトを見つけ出す技術である
- ・「GPS」とは、GPS衛星が発信する電波をGPS受信機で検出して、地球上の緯度や経度を取得する仕組みである

練習問題

Q1 膨大なデータから目的のものを見つけ出すことを
なんというでしょうか?
- A 検索
- B 探検
- C 調査
- D 解読

Q2 「半導体の集積率は18ヶ月で2倍になる」ことを示すのは
どの法則でしょうか?
- A オームの法則
- B クラークの法則
- C ムーアの法則
- D ロボット三原則

Q3 検索する範囲を半分ずつにして、目的のデータが見つかるまで
検索を続けるアルゴリズムはどれでしょうか?
- A 線形検索
- B 単純検索
- C 二分検索
- D 論理検索

Q4 GPSではいくつのGPS衛星から電波を受信して
位置を測定するでしょうか?
- A 1個
- B 2個
- C 3個
- D 4個

解答 Q1. A Q2. C Q3. C Q4. D

Chapter 03

アルゴリズムと
プログラムの関係
～ 確かな開発力を身に付けるために～

アルゴリズムをコンピュータが理解できるように記述する作業が
「プログラミング」です。ここでは、アルゴリズムとプログラムの関
係について詳しく見ていきましょう。なお、プログラミングについ
て一定の知識がある人、あるいはプログラミングを行う必要が一切
ないという人は、本章は読み飛ばしてもらっても構いません。

やってみよう！

【3-1】 JavaScriptで割り算の アルゴリズムを実装してみよう

ここでは、JavaScriptを用いて、割り算の簡単なアルゴリズムを実装してみましょう。なお、JavaScriptには「割り算」の演算子がありますが、ここでは利用せず、「引き算」と「繰り返し」のみを使います。「アルゴリズムをプログラムに落とし込むとはどういうことか」を確認するのが目的なので、画面の作成方法などは気にしなくて構いません。また、筆者が実際に作成した実行ファイル（プログラム）をサンプルとして準備していますので、そちらも併せてご確認ください[*]。

Step1 ▷「商」と「余り」を求めるアルゴリズムを見てみよう

ダウンロードサイトから「3-1-1.html」をダウンロードしてください。「aの値」「bの値」欄に任意の数値を入力すると、「商」と「余り」を求めることができます。

[プログラムの仕様]

- 2つの自然数aとbを入力する
- a÷bの商と余りを「aの値÷bの値＝商…余り」と表示する
- 負の数は考えないことにする
- bが0のときはエラーメッセージを表示する

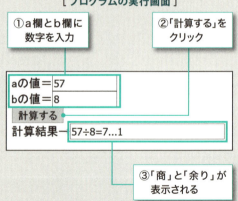

[プログラムの実行画面]

① a欄とb欄に数字を入力
② 「計算する」をクリック
③ 「商」と「余り」が表示される

aの値＝57
bの値＝8
計算する
計算結果 — 57÷8=7...1

---

[*] サンプルファイルは以下のWebサイトからダウンロードしてください。なおサンプルファイルはhtmlファイルですが、「メモ帳」などのテキストエディタにドラッグ＆ドロップして開けば、実際のソースコードも確認できます。
http://www.shoeisha.co.jp/book/download/9784798145280

3-1　JavaScriptで割り算のアルゴリズムを実装してみよう

［実装したアルゴリズム］

1. 2つの自然数aとbを入力する

2. 商を保持する変数qに0を代入する

3. 余りを保持する変数rにaを代入する

4. bが0ならば結果をnullとして終了する　　※0で除算することはできない

5. r≧bである間、次の処理を繰り返す

　5-1. rにr－bを代入する

　5-2. qに1を加える

6. 結果を商q、余りrとして終了する

Step2 ▷ JavaScriptのプログラムを見てみよう

Step1で示したアルゴリズムを、実際にJavaScriptで記述するとどうなるかを見てみましょう。計算して結果を表示する関数部分は次のようになります。「アルゴリズムをプログラムに実装する」ということがどういうことか、確認してください。

```
// 関数  divide(a, b)
//      入力：  a 被除数、b 除数
//      出力：  ［商、余り］
function divide(a, b) {
        var q = 0;                      // 商を保持する変数 q に 0 を代入
        var r = a;                      // 余りを保持する r に a を代入
        if (b == 0) {                   // b が 0 の場合
                return null;            // 結果を null として終了する
        }
        while (r >= b) {                // r ≧ b である間、次の処理を繰り返す
                r = r - b;              // r に r － b を代入
                q = q + 1;              // q に 1 を加える
        }
        return [q,r];                   // 結果を商 q、余り r として終了する
}
```

133

Step3 ▷ 小数点以下も計算するアルゴリズムを考えよう

続いて、ダウンロードサイトから「3-1-2.html」をダウンロードしてください。今回のプログラムは、Step1のように「余り」を求めるのではなく、小数点以下まで計算することができます。なお、「10÷3」のような終わらない計算は、今回は仕様対象外とします*。

[プログラムの仕様]

- 2つの自然数aとbを入力する
- a÷bの商と余りを「aの値÷bの値＝答」と表示する
- 負の数は考えないことにする
- bが0のときにはエラーメッセージを表示する

[プログラムの実行画面]

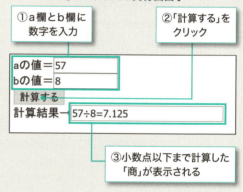

① a欄とb欄に数字を入力
② 「計算する」をクリック
③ 小数点以下まで計算した「商」が表示される

[実装したアルゴリズム]

1. 2つの自然数aとbを入力する
2. 商の整数部を保持する変数qに0を代入する
3. 余りを保持する変数rにaを代入する
4. bが0ならば結果をnullとして終了する　※0で除算することはできない
5. r≧bである間、次の処理を繰り返す
   5-1. rにr－bを代入する
   5-2. qに1を加える
6. 小数点以下の値を保持する変数fに0を代入する
7. 小数点以下の桁数を保持する変数nに0を代入する
8. r＞0である間、次の処理を繰り返す
   8-1. rを10倍する
   8-2. fを10倍する　※1の位を10の位、10の位を100の位のようにずらすため

*　実行ファイルで「10÷3」のような計算を実行すると、Webブラウザがハングアップ（停止）してしまうので注意してください。

3-1 JavaScriptで割り算のアルゴリズムを実装してみよう

8-3. r≧bである間、次の処理を繰り返す

    8-3-1. rにr－bを代入する

    8-3-2. fに1を加える

8-4. nに1を加える

9. 結果を商の整数部q、小数部f、小数部の桁数nとして終了する

Step4 ▷ JavaScriptのプログラムを見てみよう

Step3で示したアルゴリズムを、実際にJavaScriptで記述するとどうなるかを見てみましょう。計算して結果を表示する関数部分は次のようになります。

```javascript
// 関数　divide(a, b)
//　　入力：　a 被除数、b 除数
//　　出力：　[ 商の整数部、小数部、小数部の桁数 ]
function divide(a, b) {
        var q = 0;                      // 商を保持する変数 q に 0 を代入
        var r = a;                      // 余りを保持する r に a を代入
        if (b == 0) {                   // b が 0 の場合
                return null;            // 結果を null として終了する
        }
        while (r >= b) {                // r≧bである間、次の処理を繰り返す
                r = r - b;              // rにr－b を代入
                q = q + 1;              // q に 1 を加える
        }
        var f = 0;                       // 小数点以下の値を保持する変数 f に 0 を代入する
        var n = 0;                       // 小数点以下の桁数を保持する変数 n に 0 を代入する
        while (r > 0) {                 // r > 0 である間、次の処理を繰り返す
                r = r * 10;             // r を 10 倍する
                f = f * 10;             // f を 10 倍する
                while (r >= b) {        // r≧bである間、次の処理を繰り返す
                        r = r - b;      // rにr－b を代入
                        f = f + 1;      // f に 1 を加える
                }
                n = n + 1;             // n に 1 を加える
        }
        return [q,f,n];                 // 結果を商の整数部 q、小数部 f、小数部の桁数 n として終了する
}
```

Step5 ▷ 小数点以下の桁数を指定できるようにしよう

最後に、ダウンロードサイトから「3-1-3.html」をダウンロードしてください。今回のプログラムは、小数点以下の桁数が長すぎたり、割り切れなくて終わらなかったりする場合を想定し、桁数まで指定できるようになっています。

［プログラムの仕様］

- 2つの自然数aとbを入力する
- a÷bの商と余りを「aの値÷bの値＝答」と表示する
- 負の数は考えないことにする
- bが0のときにはエラーメッセージを表示する
- 小数点以下の桁数が指定した桁数を越えたら終了する

［プログラムの実行画面］

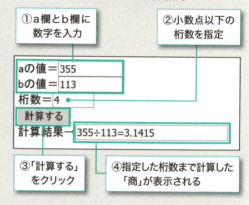

① a欄とb欄に数字を入力
② 小数点以下の桁数を指定
③「計算する」をクリック
④ 指定した桁数まで計算した「商」が表示される

［実装したアルゴリズム］

1. 2つの自然数a,b,dを入力する
2. 商の整数部を保持する変数qに0を代入する
3. 余りを保持する変数rにaを代入する
4. bが0ならば結果をnullとして終了する　　※0で除算することはできない
5. r≧bである間、次の処理を繰り返す
    5-1. rにr－bを代入する
    5-2. qに1を加える
6. 小数点以下の値を保持する変数fに0を代入する
7. 小数点以下の桁数を保持する変数nに0を代入する
8. r＞0かつn＜dである間、次の処理を繰り返す
    8-1. rを10倍する
    8-2. fを10倍する　　※1の位を10の位、10の位を100の位のようにずらすため
    8-3. r≧bである間、次の処理を繰り返す

3-1 JavaScriptで割り算のアルゴリズムを実装してみよう

8-3-1. rにr − bを代入する

8-3-2. fに1を加える

8-4. nに1を加える

9. 結果を商の整数部q、小数部f、小数部の桁数nとして終了する

Step6 ▷ JavaScriptのプログラムを見てみよう

Step5で示したアルゴリズムを、実際にJavaScriptで記述するとどうなるかを
見てみましょう。計算して結果を表示する関数部分は次のようになります。

```javascript
// 関数  divide(a, b, d)
//      入力： a 被除数、b 除数、小数点以下の桁数
//      出力： [ 商の整数部、小数部、小数部の桁数 ]
function divide(a, b, d) {
        var q = 0;                 // 商を保持する変数 q に 0 を代入
        var r = a;                 // 余りを保持する r に a を代入
        if (b == 0) {              // b が 0 の場合
            return null;           // 結果を null として終了する
        }
        while (r >= b) {           // r ≧ b である間、次の処理を繰り返す
            r = r - b;             // r に r − b を代入
            q = q + 1;             // q に 1 を加える
        }
        var f = 0;                 // 小数点以下の値を保持する変数 f に 0 を代入する
        var n = 0;                 // 小数点以下の桁数を保持する変数 n に 0 を代入する
        while (r > 0 && n < d) {   // r > 0 かつ n < d である間、次の処理を繰り返す
            r = r * 10;            // r を 10 倍する
            f = f * 10;            // f を 10 倍する
            while (r >= b) {       // r ≧ b である間、次の処理を繰り返す
                r = r - b;         // r に r − b を代入
                f = f + 1;         // f に 1 を加える
            }
            n = n + 1;             // n に 1 を加える
        }
        return [q,f,n];            // 結果を商の整数部 q、小数部 f、小数部の桁数 n として終了する
}
```

137

学ぼう！

〔3-1-1〕
アルゴリズムとプログラム

◇アルゴリズムの定義

　第1章で解説した通り、アルゴリズムとは「問題を解く手順」のことです。もう少し噛み砕いていうと、アルゴリズムは「どのような問題を」「どのような順序で」「何に対して行うのか」を記述したものだといえます。

　JIS（Japan Industrial Standards、日本工業規格）では、アルゴリズムのことを「明確に定義された有限個の規則の集まりであって、有限回適用することにより問題を解くもの」（JIS X 0001-1987）と定義しています。「有限個」「有限回」というのは、第1章で触れたアルゴリズムの有限性や停止性のことを示しています。

◇アルゴリズムの記述

　アルゴリズムを考えるのは人間の役割ですが、そのアルゴリズムを人間なり機械なりに実行させるには、何らかの形でアウトプットされなければなりません。

　前述の通り、アルゴリズムには、どのような問題を解決してどのような結果が得られるのかが明確に記述されている必要がありますし、さらに第1章でも触れた通り、誰が実行しても、いつ実行しても、同じように問題を解決でき、同じ結果が得られなければなりません。

　逆にいえば、そのような要件を満たしていれば、アルゴリズムの指示書は数式で記述しても日本語で記述しても、プログラム言語などの疑似言語やフローチャートで記述しても構わないということです。図1は、「ユークリッドの互除法」（P.18参照）をそれぞれ「日本語」「疑似言語」「フローチャート」で示したものです。記述方法は異なりますが、示しているアルゴリズムはどれも同じです。

3-1-1 アルゴリズムとプログラム

図1 様々なアルゴリズムの記述

●『ユークリッドの互除法』のアルゴリズムを日本語で記述した例

① 2つの正整数をa、bとする
② mにaを代入する
③ nにbを代入する
④ m＜n ならばmとnを入れ替える
⑤ mをnで除算をし、余りをrとする
⑥ rが0になったらnを最大公約数として終了する
⑦ mにnを代入する
⑧ nにrを代入する
⑨ ⑤に戻る

●『ユークリッドの互除法』のアルゴリズムを疑似言語で記述した例

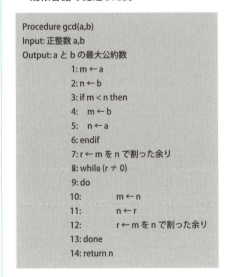

●『ユークリッドの互除法』のアルゴリズムをフローチャートで記述した例

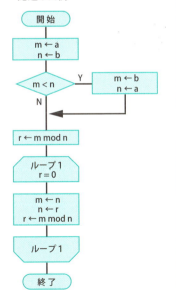

アルゴリズムとプログラム

ただし、ITの世界において、コンピュータにアルゴリズムを理解させるためには、コンピュータが理解できる指示書が必要です。コンピュータが実行できるようにアルゴリズムを示したものが「プログラム」です。プログラム (program) はギリシャ語の「公に書かれたもの」が語源で、「pro＝事前に」「gram＝書く」と分解できます。

冒頭の実習では、割り算を行うアルゴリズムをJavaScriptで記述しました。プログラムを実行すると、商と余りを求めたり、小数点以下まで計算したり、小数点以下の桁数を指定して計算したりなど、こちらが意図した通りのアルゴリズムをコンピュータが実行してくれます。

つまりこれは、アルゴリズムで定めた割り算の手順を、コンピュータに実行させる指示書ということになります。

アルゴリズム＋データ構造＝プログラム

話が少し脇道に逸れますが、コンピュータの古典的な技術書に、ニクラウス・ヴィルト博士 (Niklaus Emil Wirth、1934 ～) が記した「Algorithms & Data Structures = Programs」という本があります(頭文字を取って、「A＋D=P」と呼ばれています)。

現在この書籍は入手困難で、年配のITエンジニアでないと読んだことがないような書籍ですが、たいへんな名著です。

この書籍の中に、「ある目的を達成するためには、最初にデータ構造を決めて、そのデータ構造に対してアルゴリズムを適用することで、プログラムを作成することができる」という解説があります。つまり、「アルゴリズム＋データ構造」が「プログラム」だということですが、これは極めて重要な指摘です。

つまり、プログラミングを行う際は、アルゴリズムから効率よく利用できるようなデータ構造を考えなければならないということです。

「データ構造」とは、P.67でも触れた通り、アルゴリズムを適用しやす

いようにデータを整理したものです。

　例えば、コンビニエンスストアの商品棚の陳列方法は、新しい商品を後ろ側に並べることで、古い商品から順番に売れるように工夫をしています。これも1つのデータ構造ですが、このようにデータを追加した順に利用するデータ構造を「FIFO (First In First Out、ファイフォ)」[*1]、または「キュー (queue)」と呼びます。キューは「待ち行列」とも訳されます。

　逆に、例えばショッピングセンターなどのショッピングカートは、最後に返却されたカートから利用します。

　このように、最後に追加したデータから順番に利用するデータ構造を「LIFO (Last In First Out、ライフォ)」[*2]、または「スタック (stack)」と呼びます。

　スタックは「積み重ねる」という意味です。

CoffeeBreak　データ構造のほうが面白い？

　Microsoft社の創業者で世界有数の富豪として有名なビル・ゲイツ (William Henry Gates III、1955～) は、天才的なプログラマーの1人です。世界中の天才プログラマーのインタビューで構成された「Programmers at Work」(邦題：「実録！天才プログラマー」) という書籍があるのですが、その中でビル・ゲイツは、「アルゴリズムを考えるよりも、データ構造を設計するほうが面白い」と述べています。つまり、それだけデータ構造の設計は奥が深いといえるでしょう。

　ただ、この書籍は30年以上前に刊行されたもので、その時代には本書で紹介しているような高度なアルゴリズムはほとんどありませんでした。

　作成されるプログラムも単純なアルゴリズムばかりだったので、ビル・ゲイツのような天才プログラマーにとって、当時のプログラミングは面白みがなかったのかもしれません。アルゴリズムが高度化した今なら、ビル・ゲイツも「データ構造よりアルゴリズムのほうが面白い」といってくれるかもしれませんね。

[*1]　FIFOは、日本語では「先入れ先出し」ともいいます。

[*2]　LIFOは、日本語では「後入れ先出し」ともいいます。

◆ 「アセンブリ言語」とは何か

コンピュータが理解できるようにプログラムを記述する作業が「プログラミング (programming)」です。

ただし、コンピュータの頭脳であるCPUは、残念ながら日本語もプログラミング言語も理解できません[3]。

唯一理解できるのが「機械語」で、機械語のプログラムは「電圧の高低」を数字の1と0に置き換え、「100100101101001011010101001…」のようにプログラムを記述します。

ただ、この形式では人間がプログラムを書くのがかなり困難なので、人間にもわかりやすいよう、0と1の組み合わせを「ニーモニック (mnemonic)」という簡略記号で置き換えて表現しています（図2）。

このような形式で書かれた機械語を「アセンブリ言語」と呼びます（ここでいう「言語」とは、単語と文法がルールとして定められたもののことです）。

図2 アセンブリ言語

● 『ユークリッドの互除法』のアルゴリズムアセンブリ言語（IA32）で記述した例

```
GCD:
        div     bx
        mov     ax, bx
        mov     bx, dx
        xor     dx, dx
        cmp     ax, 0
        ja      GCD
        return
```

---

[3] CPUがメモリから命令を順番に読み込んで実行する方式を「ノイマン型」といいます。現在のコンピュータのほとんどはノイマン型コンピュータです（P.161参照）。本書でもノイマン型コンピュータについて解説しています。

◇よりわかりやすい「プログラミング言語」

アセンブリ言語は、1と0の羅列である機械語に比べれば読みやすいですが、それでもまだ人間にはわかりにくい言語です。

そこで、さらに人間にもわかりやすいように設計されたのがプログラミング言語です。プログラミング言語は、私たちが普段利用する英語や日本語などの「自然言語 (natural language)」に対して、「人工言語 (artificial language)」に分類されます。

自然言語は文字通り、人類の進化の過程で自然に発生した言語ですから、文法や単語が煩雑だったり、曖昧なニュアンスがあったりするので、プログラミングには適していません。

一方、プログラミング言語は、文法や単語が簡潔で、かつ曖昧さがないなど、プログラミングに最適化された言語です（図3）。

図3 様々なプログラミング言語

● 『ユークリッドの互除法』のアルゴリズムを Java 言語で記述した例

```
public class GCD {
        public int getGCD(int a, int b) {
                int m = a;
                int n = b;
                if (m < n) {
                        m = b;
                        n = a;
                }
                int r = m % n;
                while (r != 0) {
                        m = n;
                        n = r;
                }
                return n;
        }
}
```

● 『ユークリッドの互除法』のアルゴリズムを Ruby 言語で記述した例

```
def gcd (a, b)
        m = a
        n = b
        if m < n then
                m, n = n, m
        end
        loop do
                r = m % n
                return n if r == 0
                m, n = n, r
        end
end
```

プログラミング言語には、有名なものから無名なものまで様々な種類があり、どのプログラミング言語を使うかは、作成したいプログラムによって異なります。例えばAndroidアプリケーションの開発は主にJava言語、iOSアプリケーションの開発は主にSwift言語が用いられています。

◇コンパイル型とインタプリタ型

プログラミング言語で記述されたプログラム（ソースプログラム）は、人間には理解しやすいのですが、CPUには理解できないので、CPUが理解できる機械語に変換しなければなりません。

変換方式には「コンパイル（compile）型」と「インタプリタ（interpreter）型」の2種類があります[*4]。

コンパイル型のプログラミング言語は、プログラムをコンパイラ（compiler）というプログラムによって、一括してターゲットプログラム（機械語）に変換します。ターゲットプログラムが機械語なので、CPUはそのままプログラムを実行できます。

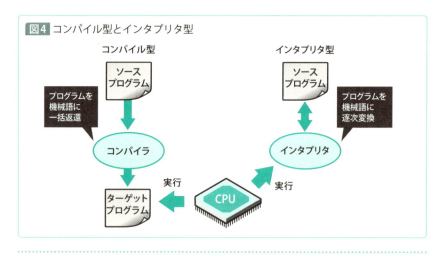

図4 コンパイル型とインタプリタ型

[*4] 言語によってコンパイル方式かインタプリタ方式かはおおよそ決まっていますが、Swift言語は、コンパイル方式でもインタプリタ方式でも実行することができます。また、Java言語はインタプリタ方式とコンパイラ方式を組み合わせた方式を使っています。

一方、インタプリタ型のプログラミング言語は、プログラムを実行するときに、インタプリタというプログラムが必要に応じて逐次機械語に変換しながら実行します（**図4**）。コンパイラは「翻訳方式」、インタプリタは「通訳方式」とイメージするとわかりやすいかもしれません。

◇誰もが利用できる「ライブラリ」

第2章で説明した探索アルゴリズムや、第3章で説明した画像認識や音声認識などのアルゴリズムは、多くの人が「利用したい」と考えるアルゴリズムです。

このような便利なアルゴリズムは、あらかじめ誰かがプログラミングしたものが提供されていることがあります。このようなプログラムを「ライブラリ」と呼びます。

ライブラリがあれば、アルゴリズムを考えて自分でプログラミングする必要がないため、プログラミングの時間を短縮できます。しかも、ライブラリは多くの人が利用するため、もしバグが発見されればその都度修正されます。よって、自分でプログラミングするよりも高い信頼性が期待できます。

CoffeeBreak　NIH症候群？

本書で紹介しているアルゴリズムは、優れたIT技術者や数学者が考案したものであり、私たちが同じように作り出すのは非常に困難です。その点、既存のアルゴリズムやライブラリを利用すれば、その正当性や詳細を理解することなく利用できます。実際のプログラミングでも、既存のアルゴリズムやライブラリを上手に活用することが欠かせません。

ただし、アルゴリズムを勉強するためには、自分で最初から考えたりプログラミングしたりするのはとても有効です。時には立ち止まり、「どのようなアルゴリズムで問題を解決しているのか」を考えてみるようにしてください。

なお、世の中には既存のアルゴリズムやライブラリを使うのを良しとせず、最初から自分で作らないと気が済まない性分の人がいます。これは、「NIH（Not Invented Here、ここで開発したのではない）症候群」と呼ばれます。

【3-1-2】 アルゴリズムとコンピュータ

◇コンピュータの歴史

　いまや、コンピュータのない社会は考えることができません。そして、コンピュータは、様々なプログラムによって動作しています。すなわち、コンピュータの中では、様々なアルゴリズムが実行されているわけです。

　P.56でも紹介したように、コンピュータのハードウェアが進化し、大容量のデータを高速に処理できるようになったおかげで、今では人間の手には負えない複雑なアルゴリズムも処理できるようになりました。

　また、ハードウェアの進化に伴ってアルゴリズムも進化を遂げ、音声認識、画像認識、人工知能、機械学習、深層学習など、様々なアルゴリズムが次々と誕生しています。そしてそれが、自動運転や医療システム、金融システムなどに応用され、様々な便利なサービスを利用できるようになりました。このように、アルゴリズムとコンピュータは不可分の関係にあるのですが、ここで簡単にコンピュータの歴史を振り返っておきましょう。

◇最古のアナログコンピュータ

　現在使われているデジタルコンピュータ（電子計算機）は、たかだか100年ほどの歴史しかありませんが、「計算をする機械＝コンピュータ」と考えると、コンピュータはなんと紀元前から存在していました。

　最古のアナログコンピュータとして有名なのが、1901年に地中海上に浮かぶ「アンティキティラ島」の近海から引き揚げられた「アンティキティラ島の機械」です（図5）。

　回転する部品や、30個以上の青銅製のギアを含む精巧な部品が使われているこの機械は、紀元前150～100年ぐらいに制作されたと考えられています。引き揚げられた当時は何をするものなのか判明せず、1世紀もの間、真相は謎に包まれていました。

3-1-2　アルゴリズムとコンピュータ

図5　アンティキティラ島の機械

出典：The Washington Post

　しかし1959年6月、英国の科学史家デレク・デ・ソーラ・プライス（Derek John de Solla Price、1922～1983）が、「古代ギリシャのコンピュータ（An Ancient Greek Computer）」という論文を発表し、その論文の中で「アンティキティラ島の機械は恒星と惑星の動きを計算するための装置である」と結論付けました。

　さらに、2005年にはアンティキティラ島の機械研究プロジェクト（The Antikythera Mechanism Research Project）が発足し、同プロジェクトは、「天体、特に太陽と月および惑星の運行を追跡するために設計された機械である」と発表します。またこのプロジェクトにより、アンティキティラ島の機械は、「4年に1度の閏年」の発生を示すことによって、オリンピックの開催年を知らせる役割を果たしていたことも判明しました[5]。

◇パンチカードによる計数機械

　18世紀に入ると、厚手の紙に穴を開け、穴の有無や位置から情報を記録する、パンチカードによる計数機械が開発されます。
　第1章で紹介したチャールズ・バベッジの解析機関も、パンチカードを

---

[5] http://www.antikythera-mechanism.gr/

応用したものでした。さらに19世紀、米国の発明家ハーマン・ホレリス (Herman Hollerith、1860 〜 1929) が、データ入力にパンチカードを使用したタビュレーティングマシン (Tabulating machine) を開発します。

統計技官であったホレリスは、統計表作りの際に、個人のデータを1人1枚のパンチカードに記入することで、手作業で行っていた集計を自動化できると考えました。タビュレーティングマシンは、1890年の米国国勢調査のデータ処理ではじめて使用されます。

また、統計処理以外にも、会計処理や在庫管理に応用できるため、1896年にホレリスはTMC社 (Tabulating Machine Company、タビュレーティングマシン社) を設立、1911年にTMC社を含む4社が合併してCTR社 (Computing Tabulating Recording) となり、さらにCTR社は1924年にIBM (International Business Machines Corporation) に社名を変更しました。これが現在のIBM社です。

◇進化し続けるコンピュータ

1941年に入ると、ドイツのコンラート・ツーゼ (Konrad Zuse, 1910 〜 1995) が、電気機械式自動計算機「Zuse Z3」を開発します。

Zuse Z3は、電流のオン・オフを切り替える機械式のリレー装置を使って動作します。すなわち、現在のデジタルコンピュータと同様の2進法を採用していました。また、Zuse Z3は、5Hzから10Hzの周波数で動作しましたが、現在のPCで使われているCPUの動作周波数は2GHz程度なので、処理速度は数億分の1程度ということになります。処理速度は遅いものの、Zuse Z3は、「世界初のプログラム可能なコンピュータ」とされています。

1942年には、米国のジョン・アタナソフ (John Vincent Atanasoff、1903 〜 1995) とクリフォード・ベリー (Clifford Edward Berry、1918 〜 1963)が、世界初の電子計算機「ABC (Atanasoff-Berry Computer、アタナソフ・ベリー・コンピュータ)」を開発します。

ABCは真空管280本[6]を使って2進法で動作するコンピュータで、現在のコンピュータの基礎となる多くの技術が採用されていました。歯車や

機械的なリレー装置などを使わず真空管で電子的に動作するため、「世界初の電子計算機」といわれています。

さらに1946年には、米国のジョン・モークリー（John William Mauchly、1907 〜 1980）とジョン・エッカート（John Presper Eckert、1919 〜 1995）を中心とするメンバーによって、世界初のプログラム可能な電子計算機「ENIAC (Electronic Numerical Integrator and Computer)」が開発されます。

ENIACは17468本の真空管や多数の部品から構成されていて、総重量は30トン、高さ2.5メートル、奥行き0.9メートル、幅24メートル、設置面積が167平方メートル、総重量が30トン、消費電力が150キロワットという巨大なコンピュータでした。モークリーは2進法では複雑な装置になってしまうと考えて、ENIACを現在のコンピュータのような2進法ではなく、10進法で動作するように設計しました。ENIACは、10桁の10進数の加算を毎秒5000回実行することができたとされています。

◇スーパーコンピュータの登場

20世紀後半に入ると、スーパーコンピュータの時代へと推移します。スーパーコンピュータは、気象予測、金融工学、天文学、物理学などの大規模な数値解析をするために開発された、超高速なコンピュータのことです。20世紀にスーパーコンピュータの代名詞とされていたのは米国のクレイ・リサーチ社が開発した「クレイコンピュータ」ですが、スーパーコンピュータはその時代の最高の技術を結集して作成されるため、今でも性能は進化し続けています。

スーパーコンピュータの性能は、FLOPS (Floating-point Operations Per Second、フロップス) をいう単位で示されます。1秒間に1回の浮動小数点演算を実行する性能が1FLOPSです。

---

*6　真空管は20世紀の前半から中頃まで、ラジオやテレビを構成する部品として使われていましたが、消費電力が大きく発熱し、寿命が短い（数千時間程度）ので、現在では半導体チップに置き換わっています。

1993年には、世界で最も高速なスーパーコンピュータの上位500位までをランキングするプロジェクト「TOP500」が発足しました。

　TOP500は毎年2回、スーパーコンピュータのリストを更新して発表しますが、ランキングでは、毎回米国、日本、中国が1位を競い合っています。

　2011年11月のTOP500では、富士通の開発した京（けい）が世界で初めて10PFLOPS[7]を超えて、2回連続で1位になりました。最近は中国の躍進が激しく、2016年11月の第48回TOP500では、中国の国家並列計算機工程技術研究センター（NRCPC、National Research Center of Parallel Computer Engineering & Technology）が開発した神威・太湖之光（しんい・たいこのひかり）が93PFLOPSの性能で1位でした。スーパーコンピュータは、この5年で10倍ほど性能が向上しています。

◇スマートフォンはスーパーコンピュータ？

　21世紀に入ると、スマートフォンが爆発的に普及しました。スマートフォンの処理速度は凄まじく、現在のスマートフォンは100GFLOPS[8]もの処理能力を持っています。

　前述のENIACは1秒間に5000回の演算能力を持っていましたが、スマートフォンは1000億回の演算能力を持つので、（単純に比較はできませんが）ENIACの2000万倍の性能を持つことになります。

　また、1975年に発表されたクレイリサーチ社のスーパーコンピュータ（クレイコンピュータ）「Cray-1」は160MFLOPS[9]の性能でしたから、現在のスマートフォンはCray-1の1000倍の性能を持っていることになります。Cray-1は当時最高峰のスーパーコンピュータであり、価格は数百万ドルもしましたが、スマートフォンは、Cray-1の1000倍の性能を持ちながら、数万円程度の価格で購入できます。それだけ、ハードウェアの進化が凄まじいものであることがわかるでしょう。

---

[7]　PFLOPSは「Peta FLOPS」の略で、Pは10の15乗（1000兆）のことです。
[8]　GFLOPSは「Giga FLOPS」の略で、Gは10の9乗（10億）のことです。
[9]　MFLOPSは「Mega FLOPS」の略で、Mは10の6乗（100万）のことです。

◇人間の脳とコンピュータの速度比較

ところで、「人間の脳」と「コンピュータ」はどちらが優れているのでしょうか。

脳の情報処理の基本要素はニューロン（neuron、神経細胞）ですが（P.293参照）、ニューロンのパルス（瞬間的に流れる電流や電波）の出力は1秒間に200回程度といわれています。一方、CPUのクロック周波数はGHz、つまり1秒間に10億回のパルスであることを考えると、人間の脳の処理速度はCPUの500万分の1程度ということになります。

このように、単純な数値計算では脳はCPUにかなわないのですが、そのぶん脳は高度な情報処理ができます。高速なCPUを用い、複雑なアルゴリズムを使わなければ処理できない音声認識や画像認識を、人間の脳は瞬時に行うことができます。自動車の運転を考えても、人間はいとも簡単に運転できますが、コンピュータを使った自動運転が日常で当たり前に利用できるようになるまでは、まだ数年はかかるといわれます。

このように「処理速度」だけでは比較できない部分もあるのですが、参考までに人間とコンピュータの処理速度を比較してみます。比較する演算の単位をそろえるのが難しいので、ざっくりとイメージできるように人間の処理能力を「10進数10桁の数値の加算に1分かかる」とすると、処理速度の差は 図6 のようになります。

図6 人間とコンピュータの処理速度比較

コンピュータ	処理	処理性能	人間を1とすると
人間	10桁の10進数の加算	1回/分	1
Zuse Z3	22bitの浮動小数点2進数の加算	1.25回/分	75
ABC	50bitの固定小数点の加算	60回/秒	3,600
ENIAC	10桁の10進数の加算	5500回/秒	330,000
PCやスマートフォン iPhone 7のCPU (A10 Fusion)	クロック数2.3GHz	23億回/秒	138,000,000,000
スーパーコンピュータ 2011.11 富士通「京」	10.510PFLOPS	1.051京回/秒	630,600,000,000,000,000
スーパーコンピュータ 2016.11 NRCPC「神威太湖之光」	93.015PFLOPS	9.3015京回/秒	5,580,900,000,000,000,000

◇不可能だったアルゴリズムが可能になる

　ムーアの法則 (P.56参照) が予想したように、コンピュータの処理性能は飛躍的に向上し、従来は解決に何千万年もかかるとされていた問題が、同じアルゴリズムを用いても、数秒〜数ヶ月程度で解決することが可能になってきました。

　コンピュータの処理速度向上と、それに伴うアルゴリズムの進化によって問題を解決した事例を2つ紹介しておきましょう。

実例① コンピュータ将棋プログラム

　コンピュータ将棋プログラムは1970年代から開発が進められていましたが、将棋は非常に高度な頭脳ゲームであるため、かつてはコンピュータがプロ棋士に勝つのは不可能とされていました。

　実際、1997年当時のコンピュータ将棋プログラムの実力は「アマチュア二段程度」とされており、プロ棋士からすると全く相手にならなかったのです。しかし、2010年10月に女流棋士のトップである清水市代女流王位・女流王将 (対局当時) が、将棋プログラム「激指」「Bonanza」「GPS将棋」「YSS」の多数決合議制コンピュータ将棋システム「あから2010」と対戦し、敗北を喫します。さらに2012年1月には、すでに引退して一線を退いていましたが、名人位を獲得したこともある米長邦雄永世棋聖が、将棋プログラム「ボンクラーズ」と対戦して敗れてしまいました。

　さらに2013年3月〜4月には、将棋プログラムとプロ棋士による5対5の対戦が行われ、将棋プログラム側が3勝1敗1持将棋 (持将棋は引き分けのようなもの) で勝ち越します。このとき対戦して敗れたプロ棋士の中には、トップクラスのA級棋士であった三浦弘行八段 (当時) も含まれていたため、関係者に衝撃が走りました。

　「将棋プログラムはプロ棋士には勝てない」というのは最早過去の話となり、今ではコンピュータがプロ棋士を凌駕しつつあります。

実例② 暗号解読

1976年、米国国立標準局 (NBS、National Bureau of Standards)[10] は、暗号化方式DES (Data Encryption Standard、デス) を連邦情報処理規格として採用しました。これにより、DESはコンピュータ暗号化アルゴリズムの標準として、1970 〜 1990年代には世界中で使われることになりました。

暗号化アルゴリズムについては第5章で詳述しますが、コンピュータの暗号化では、暗号鍵として数十桁〜数千桁の数値を使います。暗号鍵を知ることができればデータを復号（データの内容を知ること）できるのですが、DESは56bitの暗号鍵を使ってデータを暗号化するため、鍵の総数は2^{56}個、すなわち約7.2京の数値のいずれかとなります。すなわち、約7.2京の鍵全てを試行すればいつか復号できることになりますが、あまりに数が膨大なため、復号は事実上不可能である（DESは安全な暗号化アルゴリズムである）とされていました。

なぜなら、1970年代のコンピュータの性能は「MIPS」の単位で表せる程度だったからです。MIPSは「Mega Instruction Per Second」の略で、1秒間に100万個の命令を処理する性能が1MIPSです。MIPS程度の処理能力で、2^{56}個の全ての鍵で試行しようとすると、とても有限時間内には終わりません。

しかし、現在のスーパーコンピュータの性能単位は「PFLOPS」です。P（Petaは1000兆）はM（Megaは100万）の10億倍ですから、単純に考えると10億倍の速度で処理できることになります。

これは、1970年代のコンピュータでは10億年かかっていた処理でも、現在のスーパーコンピュータであれば1年もかからずに完了できるということです。有限時間で暗号鍵を解読できるようになったため、現在ではDESは安全ではない暗号化アルゴリズムになってしまいました。

---

[10] NBSは、現在は米国国立標準技術研究所（NIST、National Institute of Standards and Technology）に名称が変わっています。

やってみよう！

【3-2】並べ替えアルゴリズムを体験してみよう

コンピュータのプログラムに欠かせないアルゴリズムに、「ソート」があります。ソートとは、複数のデータを規則に従って並べ替える（整列する）ことです。ここでは、代表的なソートアルゴリズムである「バブルソート」「選択ソート」「クイックソート」の3つをJavaScriptで実装した実行ファイルを準備しました。この実行ファイルを試し、並べ替えがどのように行われるのかを確認してください。アルゴリズムが異なると途中経過が異なりますが、最終的にはどのアルゴリズムでもちゃんと昇順に並べ替えされます（プログラム内では途中経過を表示するようにしています）。なお、実行ファイルはダウンロードサイトからダウンロードできます*。

Step 1 ▷ バブルソートを実行してみよう

ダウンロードサイトからバブルソートで書いた並べ替えプログラム「3-2-1.html」をダウンロードし、実行してください。大きい数値が左から右へ、数字が泡（バブル）のように浮かび上がって来るのがわかります。

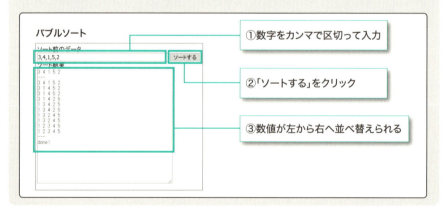

3-2 並べ替えアルゴリズムを体験してみよう

Step2 ▷ 選択ソートとクイックソートを実行してみよう

ダウンロードサイトから選択ソートで書いた並べ替えプログラム「3-2-2.html」と、クイックソートで書いた並べ替えプログラム「3-2-3.html」をダウンロードし、実行してください。選択ソートでは小さい値から順番に数値を確定し、クイックソートでは半分に区切った範囲をさらに半分に区切って並べ替える作業を繰り返すことが確認できます。

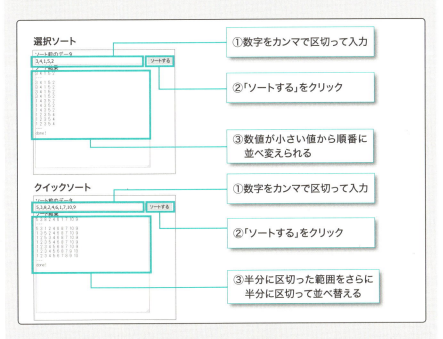

どのStepでも、ソート（並べ替え）があっという間に完了します。これは、適切なソートアルゴリズムが設定されているからです。実習を終えたら、htmlファイルをテキストエディタにドラッグ＆ドロップして開き、それぞれのソースコードもぜひ確認してみてください。

* サンプルファイルは以下のWebサイトからダウンロードしてください。なおサンプルファイルはhtmlファイルですが、「メモ帳」などのテキストエディタにドラッグ＆ドロップして開けば、実際のソースコードも確認できます。
http://www.shoeisha.co.jp/book/download/9784798145280

学ぼう！

【3-2-1】
アルゴリズムの「速さ」は何で決まるか①

◇アルゴリズムの速さ

　プログラムを実行する場合、処理速度の速いコンピュータで実行すれば、速く終了して出力を得ることができます。計算能力が高い人のほうが、計算能力が低い人よりも素早く計算問題を解けるのと同じです。

　ただしそれは、「同じアルゴリズムを用いて結果を求めようとする場合」の話です。つまり、効率のよいアルゴリズムを使えば、効率の悪いアルゴリズムよりも速く結果を求めることができるということになります。

　例えば、ドイツの有名な数学者カール・フリードリヒ・ガウス (Johann Carl Friedrich Gauss、1777 〜 1855) が小学生のころの、有名な逸話があります。先生が1から100までの整数の合計値を計算する問題を出したところ、同級生が「1＋2＋3……」と地道に計算をして時間がかかっているのに、ガウスは即座に答えを求めました。ガウスの考えたアルゴリズムは次のようなものでした。

①1 〜 100を逆にした数の並びである100 〜 1を考える
②1 〜 100と100 〜 1を、1＋100、2＋99、3＋98のように加算すると、それぞれ101になる
③101が100個あるので合計すると10100になる
④1 〜 100と100 〜 1を足すことで、求めたい合計値の2倍になっているので2で割る
⑤答えは5050である

　この考え方を図示すると 図7 のようになります。
　実はこれは、「1 〜 Nまでの合計値」を求める有名な公式を示しています。

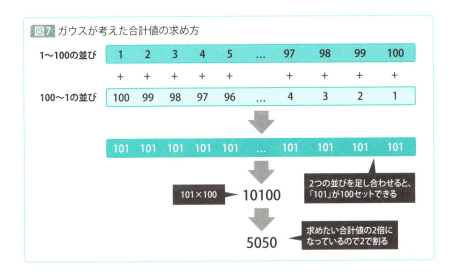

「N×(N＋1)÷2」というのがそれです。Nが100であれば、「100×(100＋1)÷2」を計算すれば、即座に合計値「5050」を求められることになります。数学の公式はアルゴリズムですから、1から順番に足していくアルゴリズムよりも、こちらのほうが、優れたアルゴリズムだということです（図8）。

小学生でありながら、独力でアルゴリズムを見つけ出したガウスは、やはり天才だったのでしょう（数学の世界では、ガウス平面、ガウス記号、ガウス積分、ガウス分布など、ガウスの名を冠した用語が多数あります）。

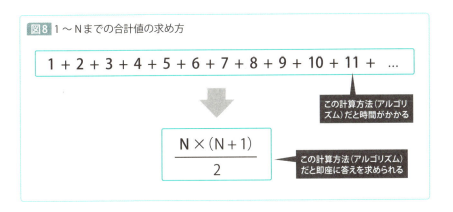

⬦コンピュータの5大装置

「効率のよいアルゴリズムとは何か」を理解するためには、そのアルゴリズムを処理するコンピュータについて知っておかなければなりません。そこで、まずはコンピュータの構成について説明しておきましょう。

コンピュータは、「演算装置」「制御装置」「記憶装置」「入力装置」「出力装置」から構成されます。この5つの装置を、コンピュータの5大装置といいます（図9）。1つずつを見ていきましょう。

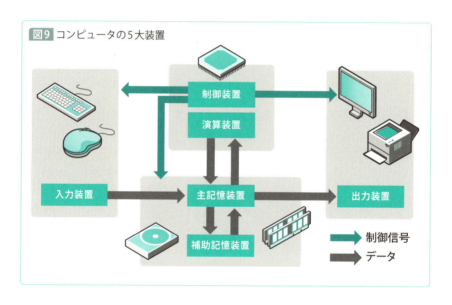

図9 コンピュータの5大装置

演算装置

「演算装置」はCPUの一部で、算術演算や論理演算などを処理するALU（Arithmetic and Logic Unit、算術論理演算装置）のことを指します[*11]。「算術演算」とは、足したり引いたりの四則演算のことです。一方「論理演算」はブール演算とも呼ばれ、「true（真、トゥルー）」か「false（偽、フォ

[*11] コンピュータの世界では、計算のことを「演算」といいます。

ルス）」の2通りの入力値に対して1つの値を出力する演算です。論理演算はtrueを「0」、falseを「1」とすると、2進法で動作するデジタルコンピュータには都合がよく、欠かせない理論とされています。

　また、論理演算には「AND演算」「OR演算」「XOR演算」「NOT演算」の4種類があり、それぞれ日本語では、論理積、論理和、排他的論理和、論理否定といいます（図10）。なお、論理演算の結果を表で表したものを真理値表（truth table）と呼びます（図11）。

図10 論理演算の種類

AND演算（論理積）	入力がtrueとtrueの場合にのみtrue、それ以外はfalseとなる演算。乗算のような演算なので、「×」や「・」を演算記号として使う
OR演算（論理和）	入力の片方か両方がtrueの場合にtrue、入力の両方がfalseである場合にfalseとなる演算。足し算のような演算なので、「＋」を演算記号として使う
XOR演算 （排他的論理和）	入力の片方のみがtrueの場合にtrue、入力の両方がtrueまたはfalseである場合にfalseとなる演算。足し算のような演算だが、OR演算と区別するために、一般的に「＋」を「○」で囲んだ記号を演算子として使う。EOR演算やEXOR演算といわれる場合もある
NOT演算 （論理否定）	入力がtrueの場合にはfalse、入力がfalseの場合にはtrueのように、逆になる演算。演算対象の数値（1か0）や変数の上に線（バー）を引くことで表す。NOTを「!」で表現するプログラミング言語もある（C、Java、Rubyなど）

図11 真理値表と演算

	AND			OR			XOR			NOT	
真理値表	**AND**	**0**	**1**	**OR**	**0**	**1**	**XOR**	**0**	**1**	**NOT**	
	0	0	0	**0**	0	1	**0**	0	1	0	1
	1	0	1	**1**	1	1	**1**	1	0	1	0
演算	$0 \cdot 0 = 0$			$0 + 0 = 0$			$0 \oplus 0 = 0$			$\overline{0} = 1$	
	$0 \cdot 1 = 0$			$0 + 1 = 1$			$0 \oplus 1 = 1$			$\overline{1} = 0$	
	$1 \cdot 0 = 0$			$1 + 0 = 1$			$1 \oplus 0 = 1$				
	$1 \cdot 1 = 1$			$1 + 1 = 1$			$1 \oplus 1 = 0$				

CoffeeBreak　両方ください!?

　飛行機の中で、キャビンアテンダントから「Beef or Chicken?(ビーフとチキン、どちらにしますか?)」と聞かれたプログラマーが、「両方ください」と頼んだというコンピュータジョークがあります。プログラマーの論理では、論理演算の「OR」は包含的論理和ですから、牛肉や鳥肉のどちらか片方でも、牛肉と鳥肉の両方を選んでも、どちらもOKなのです。XORであれば排他的論理和ですから、キャビンアテンダントはプログラマーには「Beef xor Chicken?」と尋ねないといけないのかもしれません。

制御装置

　制御装置は演算装置と同じくCPUの一部で、演算装置、記憶装置、入力装置、出力装置を制御します。制御装置からの制御信号によって、入力装置からデータを入力したり、出力装置へデータを出力したりします。

記憶装置

　記憶装置はプログラムやデータを記憶する装置です。主記憶装置は大きくRAM (Random Access Memory、ラム) とROM (Read Only Memory、ロム) の2種類があります。RAMは「メモリ」と呼ばれ、プログラムやデータを高速に読み書きできますが、コンピュータの電源を切ると消えてしまいます。一方ROMは特殊な機械でプログラムやデータが書き込まれており、上書きしたり消したりすることができません。読み書きのスピードは遅いのですが、コンピュータの電源を切ってもデータが消えず、また大容量 (メモリの数百倍～数千倍) のデータを記憶できます。

　一般的に主記憶装置はRAM (メモリ) のことを指し、主記憶装置以外の記憶装置を補助記憶装置といいます (ストレージや二次記憶装置とも呼ばれます)。ハードディスク、SSD、USBメモリなどが該当します。

入力装置

データやプログラムを入力する装置です。キーボード、マウス、タッチパネル、マイク、カメラなどが該当します。

出力装置

データを出力する装置です。ディスプレイ、プリンタ、スピーカーなどが該当します。

◇アルゴリズムと計算量

コンピュータの5大装置を理解できたところで、「効率のよいアルゴリズムとは何か」を改めて考えてみましょう。効率のよいアルゴリズムとは、計算量の少ないアルゴリズムのことです。計算量についてはP.44でも説明しましたが、「時間計算量」と「空間計算量」にわかれます。

CoffeeBreak　ノイマン型コンピュータ

プログラムは「アルゴリズム」（CPUに対する命令、プログラムコード）と「データ」から構成されます。プログラムは外部記憶装置に記憶されているか入力装置から与えられ、メモリに読み込まれてCPUによって順次実行されます。このように、メモリに命令とデータを格納し、命令を読み込み（fetch）、解釈して（decode）実行する（execute）という工程で動作するコンピュータのことを、「ノイマン型コンピュータ（von Neumann-type computer）」と呼びます。「ノイマン」は、ハンガリー出身の米国の数学者フォン・ノイマン（John von Neumann、1903～1957）に由来します。現在のコンピュータのほとんどは、このノイマン型コンピュータです。ノイマン型ではない方式を非ノイマン型コンピュータと呼び、量子コンピュータ、ニューロコンピュータ、DNAコンピュータなどがありますが、これらはまだ研究開発段階にあります。

時間計算量は、処理にどれだけの時間がかかるのかという「速度」を、空間計算量はどれだけの記憶領域が必要になるのかという「メモリの使用量」を表します。

同じ問題を解く場合にもいろいろなアルゴリズムが考えられますが、時間計算量も空間計算量も少ないアルゴリズムが、「よいアルゴリズム」であるといえます。ただし一般的には、時間計算量を少なくすると空間計算量が多くなり、空間計算量を少なくすると、時間計算量が多くなります。つまり、速度を取るか、省メモリにするかが、トレードオフの関係になる場合が多いです。

時間計算量も空間計算量もどちらも重要なのですが、単に「計算量」というときは「時間計算量」を意味する場合が多いので、本書では主に「時間計算量」の効率について考えることにします。

◇時間計算量とO記法

時間計算量は、英語の「time complexity」の日本語訳で、時間複雑性、つまり「計算の複雑性」を意味します。計算が複雑なほど処理のステップ数が増えるので、実行に時間がかかるということです。ステップ数は、「CPUが実行する命令数」だと考えてください。

つまり時間計算量を少なくするためには、処理のステップ数を減らすことを考える必要があります。

時間計算量を考える指標になるのが、P.46でも触れた「O記法」です。時間計算量といっても、実際に実行にかかる時間（秒数や分数など）を考えるわけではありません。コンピュータの処理性能によって、同じプログラムでも実行時間は異なるからです。そこで、アルゴリズムへの入力データが増加すると、時間計算量がどれくらいの割合で増加するかを、入力データをnとしてO（nの式）の形で表したのがO記法です。この式を見ると、どれぐらいの時間計算量になるのかがわかります。

時間計算量が増加するということは「実行する命令数が増える」ということなので、CPUの処理時間が増加することになります。

3-2-1 アルゴリズムの「速さ」は何で決まるか①

◆ O記法の式

O記法に秒や回などの単位はなく、nには数値や式が入ります。O記法はアルゴリズムがどれぐらいの計算量になるかを大まかに示す指標であり、具体的な実行時間や命令数を知るものではありません。

よって、式は一番大きな規模（最大の次数）を残して、係数[*12]は「1」にします。例えば、式が$3n^2 + 5n + 100$の場合、入力データnが100,000,000とすると、$3n^2$は300,000,000,000,000,000、5nは500,000,000となり、$3n^2$の値からすると、5nも100もとても小さい値なので、無視することができます。O記法はあくまで「大まかな計算量」を示すものであり、小さな規模の式は、大きな規模の式からすると気にしなくてもよい程度のものだからです（図12）。

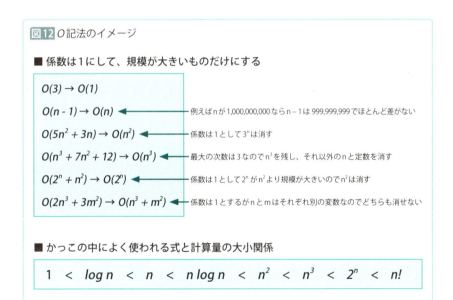

図12 O記法のイメージ

■ 係数は1にして、規模が大きいものだけにする

$O(3) \rightarrow O(1)$
$O(n - 1) \rightarrow O(n)$ ← 例えばnが1,000,000,000ならn−1は999,999,999でほとんど差がない
$O(5n^2 + 3n) \rightarrow O(n^2)$ ← 係数は1として3^nは消す
$O(n^3 + 7n^2 + 12) \rightarrow O(n^3)$ ← 最大の次数は3なのでn^3を残し、それ以外のnと定数を消す
$O(2^n + n^2) \rightarrow O(2^n)$ ← 係数は1として2^nがn^2より規模が大きいのでn^2は消す
$O(2n^3 + 3m^2) \rightarrow O(n^3 + m^2)$ ← 係数は1とするがnとmはそれぞれ別の変数なのでどちらも消せない

■ かっこの中によく使われる式と計算量の大小関係

$1 < \log n < n < n \log n < n^2 < n^3 < 2^n < n!$

---

*12 **係数** 乗算の場合の定数のことです。例えば3nは「3×n」なので係数は3となります。

同じ問題を解決するアルゴリズムでも、オーダーが異なると時間計算量が変わります[*13]。

例えば$O(n)$では、入力データのサイズ（個数や桁数など）をnとすると、最大n回のアルゴリズムの実行で処理が完了することを表します（必ずn回かかるのではなく、最大n回かかるということです）。この場合、$O(n^2)$は、nが1のときに1回のアルゴリズムの実行だとすると、nが2のときには4回、nが3のときには9回のように、アルゴリズムの実行回数が増加します。実行回数は実行時間に比例するので、nが1のときの実行に1秒かかると仮定すると、nが10のとき、$O(n)$のアルゴルズムでは10秒、$O(n^2)$は10^2なので、100秒もの実行時間がかかることになります（図13）。

なお、時間計算量のオーダーで、$O(n)$、$O(n^2)$、$O(n^3)$のようなオーダーを、「多項式時間アルゴリズム」と呼び、$O(2^n)$、$O(n!)$のようなオーダーを、「指数時間アルゴリズム」と呼びます。図13を見ればわかるように、多項式時間アルゴリズムではある程度実用的なプログラムを作ることができますが、指数時間アルゴリズムは、nの値が増加すると急激に計算量が増えてしまい、現実的な時間では解決できなくなる恐れがあります。

図13 オーダー数と時間計算量

n	$O(1)$	$O(\log n)$	$O(n)$	$O(n \log n)$	$O(n^2)$	$O(n^3)$	$O(2^n)$	$O(n!)$
1	1	0	1	0	1	1	2	1
5	1	0.69897	5	3	25	125	32	120
10	1	1	10	10	100	1,000	1,024	3,628,800
20	1	1.30103	20	26	400	8,000	1,048,576	2,432,902,008,176,640,000
30	1	1.4771213	30	44	900	27,000	1,073,741,824	265,252,859,812,191,000,000,000,000,000,000
40	1	1.60206	40	64	1,600	64,000	※	※
50	1	1.69897	50	85	2,500	125,000	※	※
100	1	2	100	200	10,000	1,000,000	※	※
1000	1	3	1,000	3,000	1,000,000	1,000,000,000	※	※
10000	1	4	10,000	40,000	100,000,000	1,000,000,000,000	※	※

※大きすぎて書き切れない

[*13] 例えば、$O(n)$のオーダーのアルゴリズムよりも、$O(n \log n)$のオーダーのアルゴリズムのほうが、効率のよいアルゴリズムだといえます。

CoffeeBreak 　０〜Ｎの整数値を求めるアルゴリズムのオーダー

　P.156で紹介した、１からＮまでの整数値を合計するアルゴリズムのオーダーはどうなるでしょうか。単純に１からＮまでを足す場合はＮ回の加算を行うので$O(n)$です。公式を使うと、乗算、加算、除算を１回ずつの３回の計算で答えを求めるので、単純に考えると$O(3)$となりますが、この場合は公式を１回適用すれば答えを求められるので、オーダーは$O(1)$となります。「１＋２＋３＋４……」のように、単純に合計するアルゴリズムは入力データのサイズ（個数）が増えると、それに比例して計算量が増えますが、公式は１回計算すればよいので計算量は一定です。これが計算量の考え方です。

CoffeeBreak 　logと階乗

　本書では、なるべく複雑な数式や記号は使わないようにしていますが、計算量を考える際は「log」と「階乗」は避けて通れないので、ここで簡単に説明しておきましょう。logとは「対数（logarithm）」のことです。例えば、ある数xをbのp乗（b^p）とするときに、logを使って「$p=\log_b x$」と表記します。つまり、$\log_b x$は、bを何乗するとxになるかが答えになります。なお、この場合のbのことを「底（てい）」といいます。底が書かれていない場合、工学系では10、理学系ではe（2.718281828…）を省略しているのが一般的です（図13では底は10として計算しています）。

　一方、階乗（factorial）は、正の整数を１から順番に掛け合わせた値で、「n!」のように書きます。「1!」は「1」、「2!」は「2」です。「3!」は１×２×３なので「6」、「4!」は１×２×３×４なので「24」、「5!」は１×２×３×４×５なので「120」のように、nが大きくなると巨大な数になります（ちなみに100!は158桁になります）。

$$x = b^p \quad \text{のとき} \quad p = \log_b X \quad \text{と表す}$$

学ぼう！

【3-2-2】
アルゴリズムの「速さ」は何で決まるか②

◇ソートアルゴリズムの時間計算量

　アルゴリズムの速さ＝計算量の考え方が理解できたところで、学習の仕上げとして、冒頭の実習で試したソートアルゴリズムの計算量を比較してみましょう。ここでは、1〜5までの5枚のカードをデータと考え、昇順にソートするアルゴリズムを考えます。

　5枚程度なら、人間は直感的に並べ替えられますが、もし何百枚、何千枚とカードがある場合は、アルゴリズムが必要です。

　ましてや、コンピュータに「直感」はありませんから、ソートを行わせる場合は、しっかりとアルゴリズムをプログラミングしなければなりません。では、バブルソート、選択ソート、クイックソートの順番に計算量を見ていきましょう。

◇バブルソートのアルゴリズム

　「バブルソート」のアルゴリズムは、隣り合うデータの値を比較して、大小が逆だったら交換するというものです。昇順の場合には、左のデータが右のデータより大きければ入れ替えます。この入れ替えを必要がなくなるまで繰り返します。よってバブルソートでは、ソート済みのデータが大きいデータから順番に確定します。ソートすると泡（バブル）のようにデータが浮かび上がって確定するのでバブルソートと呼ばれます（図14）。

　計算量を見てみましょう。データサイズをn個とすると、バブルソートは最初にn–1回の比較を行い、次にn–2回、n–3回……と比較を行います。

166

3-2-2 アルゴリズムの「速さ」は何で決まるか②

図14 バブルソートのイメージ

繰り返す回数は、

$$(n-1) \times (n-2) \times (n-3) \times \cdots \times 1$$

なので、

$$n \times (n-1) / 2$$　つまり　$$(n^2 - n) / 2$$

です。係数は1として、最も大きい規模はn^2なのでnを消すと、バブルソートのオーダーは、

$$O\ (n^2)$$

になります。入力データサイズが2倍、3倍、4倍と増えると、計算量は4倍、9倍、16倍になるので、あまり効率のよいソートアルゴリズムとはいえません。

◇選択ソートのアルゴリズム

　一方「選択ソート」のアルゴリズムは、まず、ソートしたいデータの中から、仮の最小値データを決めます。そして、未ソートデータを全て仮の最小値データと比較します。仮の最小値データより小さいデータがあれば、そのデータの中で最小のものが真の最小値データなので、仮の最小値データと入れ替えます。仮の最小値データより小さいデータがなければ、仮の最小値データが真の最小値データとなります。真の最小値データが確定したので、それを除く未ソートデータに同様の手順を繰り返します。選択ソートでは、ソート済みのデータが、先頭から順番に確定します（図15）。

3-2-2 アルゴリズムの「速さ」は何で決まるか②

図15 選択ソートのイメージ

計算量を見てみましょう。データサイズをn個とすると、選択ソートは最初にn−1回の比較を行い、次にn−2回、n−3回……と比較を行います。繰り返す回数は、

$$(n-1) \times (n-2) \times (n-3) \times \cdots \times 1$$

なので、

$$n \times (n-1)\ /2 \quad \text{つまり} \quad (n^2 - n)\ /2$$

です。係数は1として、一番大きい規模はn^2なのでnを消すと、選択ソートのオーダーは、

$$O\ (n^2)$$

になります。バブルソートと同じオーダーですね。しかし、実際にバブルソートと選択ソートのプログラムを作成して比較すると、バブルソートは交換する回数が選択ソートよりも多いため、選択ソートのほうが高速になります。メモリに格納されているデータを「比較」するよりも、「交換」するほうが処理に時間がかかるためです。

◇クイックソートのアルゴリズム

「クイックソート」のアルゴリズムは、まず、ピボット（pivot、基準値）を決めます。ピボットとするのは、ソート対象のデータのどれでも構いません。そして、ピボットよりも大きいデータと小さいデータのグループに振り分けます。振り分けたグループ内で同様にピボットを決め、大小に振り分けます。これを、データが分割できなくなる（つまりグループ内のデータが1つになる）まで繰り返します。

データが5つだとイメージしづらいので、10個のデータで行うクイックソートのイメージを図16に示します。なお、このように、分割を繰り返して整列を行うようなアルゴリズムを、「分割統治法（divide-and-conquer method）」と呼びます。

クイックソートはデータがピボットに対してバランスよく大小が半分ずつ分割されていけば、$log_2 n$段の階層ができます。例えば、データが16個

3-2-2 アルゴリズムの「速さ」は何で決まるか②

図16 クイックソートのイメージ

なら$log_2 16$なので4段、データが256個なら$log_2 256$なので8段です。クイックソートの平均計算量のオーダーは$O(n\ log\ n)$になるので、最も高速なソートアルゴリズムの1つです。しかし、データの並びがよくない場合、例えばすでにソート済みのデータが対象である場合は効率が悪くなり、最悪の場のオーダーはバブルソートや選択ソートと同じ$O(n^2)$になります。

また、クイックソートではピボットをどのように選択する方法がポイントになります。

CoffeeBreak ピボットの決め方

クイックソートでは、適切なピボットを選択することがアルゴリズムの性能に影響します。ピボットを決定する方法には次のようなものがあります。

- グループ内の位置が最初のデータにする
- グループ内の位置が真ん中のデータにする
- グループ内の位置が最後のデータにする
- グループ内のデータからランダムに1つ選ぶ
- グループ内のデータからランダムに3つ選んで、その中央値[*14]にする
- グループ内の最初の2つのデータのうち、大きいほうのデータにする

◇アルゴリズムの性能評価

計算量を用いることのメリットは、実行時間をある程度予測できることです。例えば、オーダーが$O(n)$のアルゴリズムでは、データの個数n が2倍になれば、実行時間が2倍になることが予測できます。

一方、オーダーが$O(n^2)$のアルゴリズムでは、データの個数nが2倍になれば、実行時間が4倍になることが予測できます。

O記法は、nが具体的にいくつであるとか、実行時間がどれぐらいかかるのかの具体的な数値は全く示されませんが、特定のコンピュータやプログラミング言語には関係なくアルゴリズムの性能が評価することができるのです。

[*14]　中央値 データの中で真ん中になる数値です。例えば、「2、5、7、10、15」のデータの中央値は「7」になります。

学ぼう！

〔3-2-3〕
「繰り返し」の実現方法
ループと再帰

◇繰り返しとは

アルゴリズムの基本になるのが「繰り返し」です。「繰り返し」は「ループ (loop)」とも呼ばれ、同じ処理を何度も実行することを指します。ここでは、「繰り返し」処理の基本を、JavaScriptを例に解説します。

なお、JavaScriptの基本的な解説も含まれますので、知識がある方は基本解説は読み飛ばしても構いません。

「変数」とは

「繰り返し」を理解するうえで、最初に覚えておいてほしいのが「変数 (variable)」です。アルゴリズムに繰り返しを使う場合は、計算途中の値や繰り返し回数などのデータを記憶しておかなければなりません。値を記憶するために用いられるのが「変数」ということになります。

変数はデータを格納する箱のようなイメージで、具体的にはコンピュータのメモリに割り当てられた領域です（図17）。

変数には、他の変数と区別するために「変数名」を付けます。また、変数にデータを格納することを「代入 (assignment)」といいます。

例えば、変数aに10という値を代入する場合、JavaScriptでは、「a＝10」のように記述します[*15]（Ruby、Java、C、Pythonなども同様です）。

変数に格納されている値に何らかの値を加算する場合は、「a＝a＋2」のように記述します。この場合、変数aに格納されている値に2を加算した値が再代入されます。加算だけではなく、減算、乗算、除算をすることも可能で、それぞれ「a＝a−2」「a＝a*2」「a＝a/2」のように記述します（JavaScriptでは「×」の代わりに「*」、「÷」の代わりに「/」を演算記号として使います）。

[*15] 「＝」には数学のような「等しい」という意味はありませんので注意が必要です。

図17 変数のイメージあれこれ

配列

　検索やソートの場合のように、複数のデータを記憶するためには、変数をいくつか用意しなければなりません。この場合に用いられるのが「配列（array）」です。配列は、複数の値をひとまとめに格納できるデータ構造のことで、コンピュータのメモリに連続的に割り当てられた領域となります（図18）。

　配列の1つずつの領域を要素（element）と呼び、要素を指定するためには添字（index）を用います。添字とは配列の要素に割り当てられた通し番号のことで、a[0]やa[x]のように指定します（「x」のように変数で指定した場合には、添字は変数xに格納されている値になります）。

◇繰り返しを使うメリット

　ここまでの解説を踏まえ、アルゴリズムに「繰り返し」を使うことのメリットを考えてみましょう。

3-2-3 「繰り返し」の実現方法ループと再帰

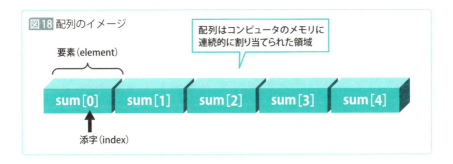

例えば、P.156で登場した、1からNまでの合計値を求める問題で、公式を使わず、「1＋2＋3＋4…」のように足していくアルゴリズムは、日本語で記述すると図19のようになります。一方、同じアルゴリズムをJavaScriptで記述したのが図20です。

なお、変数を最初に使うときにはvar命令を使って宣言（declaration）します。宣言とともに値を代入することを初期化（initialization）と呼び、初期化する値を初期値（initial value）と呼びます。図20のプログラムでは、最初に合計値を格納する変数として、sumを0で初期化し、次に、sumに1～5までを順番に足し込んでいます。

さて、このアルゴリズムでは、「合計値に数値を加算する」という処理が何度も出てきます。プログラムでも、「sum＝sum＋□」を何度も繰り返していますね。今回は「1～5」の合算なので5行記述すれば済みますが、1～100までの合計値を求める場合には100行記述しなくてはなりませんし、1～1000までの合計値を求める場合は1000行記述しなければなりません。これでは大変なので、似たような処理の部分を「繰り返し処理」として記述するのです。繰り返しを用いると、図21のようなアルゴリズムになり、④と⑤が繰り返して実行されることになります。このアルゴリズムをJavaScriptで記述したのが図22です。

「while」は繰り返しをする命令で、「{ }」の間の処理が繰り返し実行されます。なお、繰り返しには終了する条件が必要で、「c <= 5」が条件を指定している部分です。これを「条件式」と呼び、条件式の結果はtrueかfalseのいずれかになります。whileは条件式の結果がtrueである場合には処理

175

図19 合計値を順次足し合わせるアルゴリズム

処理内容：
① 変数totalを0に初期化する
② totalに1を加算する
③ totalに2を加算する
④ totalに3を加算する
⑤ totalに4を加算する
⑥ totalに5を加算する
⑦ 終了する

図20 図19のアルゴリズムのプログラミング例

変数を使うことを宣言

「繰り返し」を使わない場合、同じ処理を何度も繰り返さなくてはならない

```
var total = 0;
total = total + 1;
total = total + 2;
total = total + 3;
total = total + 4;
total = total + 5;
```

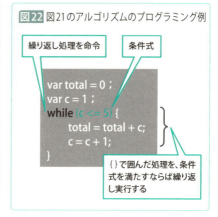

図21 繰り返しを利用するアルゴリズム

処理内容：
① 変数totalを0に初期化する
② 変数cを1に初期化する
③ cが5よりも大きい場合には⑦へ移動する
④ totalにcを足し込む
⑤ cを1増やす
⑥ ③へ移動する
⑦ 終了する

図22 図21のアルゴリズムのプログラミング例

繰り返し処理を命令　条件式

```
var total = 0 ;
var c = 1 ;
while (c <= 5) {
    total = total + c;
    c = c + 1;
}
```

{ }で囲んだ処理を、条件式を満たすならば繰り返し実行する

を続行し、falseの場合には繰り返しを終了します（繰り返しの回数を数える変数を「カウンタ変数」といいます）。

　まとめると、繰り返しを使うことで、次のようなメリットがあります。

・アルゴリズム（プログラム）を短く記述でき、読みやすくなる
・繰り返し回数をカウンタ変数にすることで、繰り返し回数を固定せずに、様々な場合に対応できる
・処理を何度も記述しなくてもよいので、ミスを減らすことができる

実際にプログラミングを行う際は、繰り返し処理を上手に活用し、短く柔軟性のあるアルゴリズムを考えなくてはなりません。

◇もう1つの繰り返し処理「再帰」

繰り返しのアルゴリズムには、関数自身を呼び出すことで、繰り返し処理を明示的に書かずに実現する方法があります。この方法を「再帰（recursive）」といいます。繰り返し処理の多くの場合は再帰を使わなくてもよいのですが、場合によっては再帰を使うことでアルゴリズムをすっきりさせることができるので、紹介しておきましょう。

再帰を使う場合には、「再帰関数」を使います。ちなみに「関数」とは、処理をひとまとめにしたものです。関数は入力データを受け取り、何らかの処理をし、処理結果を出力します（図23）。なお、出力することを、「値を返す」「値を戻す」といい、出力されるデータを、「リターン値」「返値」「戻り値」といいます。また、関数として入力する値を引数（argument：ひきすう）といいます。

再帰関数は、関数の処理でその関数自身を呼び出す（実行する）関数ということになります。

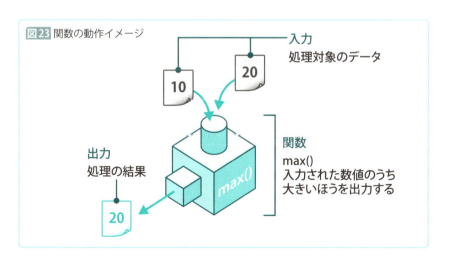

図23 関数の動作イメージ

入力
処理対象のデータ

出力
処理の結果

関数
max()
入力された数値のうち
大きいほうを出力する

再帰関数を利用する際の注意点は、「関数の処理内で終了条件によって関数を終了すること」と、「関数の入力データ変化させて呼び出すこと」です。関数が終了しないと、無限に関数を呼び出し続けて終わらなくなってしまいます。アルゴリズムは有限でなくてはなりませんし、終了しない関数ではいつまでたっても出力を得ることができません。

　1からNまでを加算する関数sumを疑似言語で定義すると、図24のようになります[*16]。

　この場合、①と②が終了条件です。この条件を満たすと、関数は自分自身を呼び出さずに終了します。ただし、③で入力値を1減らして自分自身を呼び出すことで「再帰」しています。JavaScriptでsum関数を定義すると、図25のようになります。これを見ればわかるように、JavaScriptでは、function命令で関数を定義します。また、ifは「もし（条件がtrue）ならば」、elseは「そうでなければ」という命令です。またif命令は、条件がtrueのときに{ }内の処理を実行します。またreturnは関数を終了する命令で、returnに指定した値は関数の戻り値です。

　また図26は、この関数の引数に「5」を指定したとき、どのように実行されるかを図示したものです。

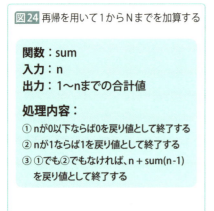

図24 再帰を用いて1からNまでを加算する

関数：sum
入力：n
出力：1～nまでの合計値
処理内容：
① nが0以下ならば0を戻り値として終了する
② nが1ならば1を戻り値として終了する
③ ①でも②でもなければ、n + sum(n-1)を戻り値として終了する

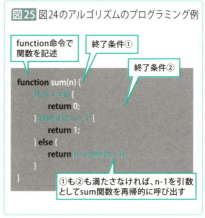

図25 図24のアルゴリズムのプログラミング例

```
function sum(n) {
    if (n <= 0) {
        return 0;
    } else if (n == 1) {
        return 1;
    } else {
        return n + sum(n - 1);
    }
}
```

function命令で関数を記述
終了条件①
終了条件②
①も②も満たさなければ、n-1を引数としてsum関数を再帰的に呼び出す

---

*16　引数は0以上であることを想定しているので、負の値の場合は0を出力とします。

3-2-3 「繰り返し」の実現方法ループと再帰

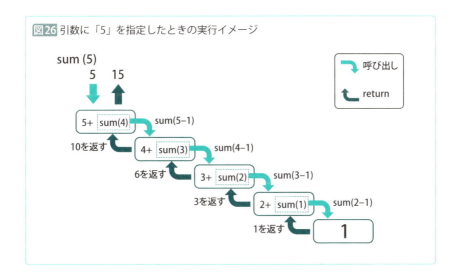

図26 引数に「5」を指定したときの実行イメージ

◆ソートアルゴリズムをJavaScriptで記述する

　ここまでの解説を踏まえ、冒頭の実習で実行したソートアルゴリズムを、JavaScriptの関数として記述するとどうなのかを示しておきましょう。図27はバブルソートの記述です。「繰り返し」の処理が行われていることが見て取れると思います。ここではバブルソートのみを示しますが、サンプルの「3-2-2.html」や「3-2-3.html」をテキストエディタで開き、選択ソートやクイックソートの記述もぜひ確認してみてください（クイックソートでは再帰関数を使っています）。

図27 JavaScriptのバブルソート記述例

```
function bubbleSort(ary) {
    var i = 0;
    while (i < ary.length - 1) {
        var j = 0;
        while (j < ary.length - i - 1) {
            if (ary[j] > ary[j + 1]) {
                var n = ary[j];
                ary[j] = ary[j + 1];
                ary[j + 1] = n;
            }
            j = j + 1;
        }
        i = i + 1;
    }
}
```

やってみよう!

〔3-3〕 JavaScriptで円周率を計算してみよう

学生時代に習った「円周率」、覚えていますか？数値計算もアルゴリズムの得意とするところです。ここでは、JavaScriptで円周率を計算してみましょう。円周率を求めるアルゴリズムには様々なものがありますが、ここでは2つのアルゴリズムを試してみます。なお、実行ファイルはダウンロードサイトからダウンロードできます[*]。

Step 1 ▷ 「ライプニッツの公式」で計算しよう

「ライプニッツの公式」は、ゴットフリート・ヴィルヘルム・ライプニッツが名づけた円周率の近似値を求める公式です。この公式では、円周率πの近似値を求めるために、「繰り返し」によって真値に近づけていきます。繰り返し回数が多ければ多いほど時間はかかりますが、真値であるπに近づきます。ダウンロードサイトから「3-3-1.html」をダウンロードし、実行してください。

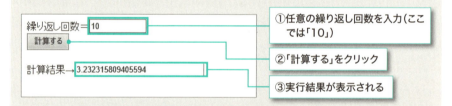

① 任意の繰り返し回数を入力（ここでは「10」）
② 「計算する」をクリック
③ 実行結果が表示される

繰り返し回数を「10」とすると、実行結果は「3.2323158094…」と表示されました。しかし円周率は「π=3.14159 26535…」なので、実行結果との間にかなりの乖離が見られます。では今度は、繰り返し回数を「10億回」にして実行してみましょう。

---

[*] サンプルファイルは以下のWebサイトからダウンロードしてください。なおサンプルファイルはhtmlファイルですが、「メモ帳」などのテキストエディタにドラッグ＆ドロップして開けば、実際のソースコードも確認できます。
http://www.shoeisha.co.jp/book/download/9784798145280

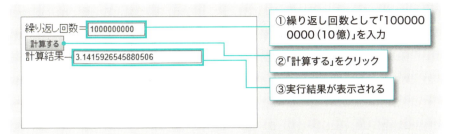

今度は、「3.14159265……」と表示されました。今回はかなり真値に近づいたことが確認できます。このように、ライプニッツの公式は繰り返し回数を増やすことで、真値に近づけていきます。

Step2 ▷ 別のアルゴリズムで計算しよう

別のアルゴリズムも試してみましょう。今度は「ガウス＝ルジャンドルのアルゴリズム」というアルゴリズムを試します。ダウンロードサイトから「3-3-2.html」をダウンロードし、実行してください。

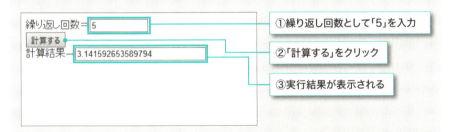

今回は、わずか5回の繰り返しで、「3.1415926535…」という精度の高い結果が得られました。ガウス＝ルジャンドルのアルゴリズムも繰り返し処理によって近似値を得ますが、こちらのほうが高速かつ精度の高いπの近似値を求められることがわかります[*]。

実習を終えたら、htmlファイルをテキストエディタにドラッグ＆ドロップして開き、それぞれのソースコードもぜひ確認してみてください。

---

[*] 繰り返し回数を増やせばさらに高精度な値が求められますが、JavaScriptの言語仕様の制限で、あまり繰り返し回数を増やすとエラーになるのでご注意ください。

学ぼう！

【3-3-1】
数値計算アルゴリズムと
誤差の考え方

◇ 「繰り返し」で真値に近づける

　冒頭の実習で、2つのアルゴリズムを用いて円周率を計算しました。用いるアルゴリズムによって、精度が変わることを確認できたと思います。

　アルゴリズムを使って真値（正確な値）を得ようとすると、時間やメモリを多く必要とするために、実用可能なおおよその値である「近似値」を求めなくてはなりません。ライプニッツの公式では、円周率πの近似値を求めるために、繰り返しによってどんどん真値に近づけていくという方法を取りました。繰り返し回数が多ければ多いほど時間はかかりますが、真値であるπに近づきます。

　ちなみにライプニッツの公式はゴットフリート・ヴィルヘルム・ライプニッツ（Gottfried Wilhelm Leibniz、1646〜1716）が名づけた円周率を求める公式で、奇数nを分母とし、1/nを交互に加えたり引いたりすることで、円周率の近似値を求めていきます（図28）。n（奇数）は無限に続くので、このアルゴリズムは永久に終わりません。よって、求めるべき近似値が得られたところで、計算を打ち切る必要があります。

図28 ライプニッツの公式

$$\frac{\pi}{4} = 1 - \frac{1}{3} + \frac{1}{5} - \frac{1}{7} + \frac{1}{9} - \ldots$$

> **図29** ガウス＝ルジャンドルのアルゴリズム
>
> ■ **初期値**　　$a_0 = 1$　　　$b_0 = \dfrac{1}{\sqrt{2}}$　　　$t_0 = \dfrac{1}{4}$　　　$p_0 = 1$
>
> ■ **反復式**　　$a_{n+1} = \dfrac{a_n + b_n}{2}$
>
> 　　　　　　　$b_{n+1} = \sqrt{a_n b_n}$
>
> 　　　　　　　$t_{n+1} = t_n - p_n(a_n - a_{n+1})^2$
>
> 　　　　　　　$p_{n+1} = 2p_n$
>
> ■ **πの値**　　$\pi \approx \dfrac{(a + b)^2}{4t}$　　　　　※　≈ は近似値という意味

　一方、2つ目に試したガウス＝ルジャンドルのアルゴリズム（こちらは公式ではなくアルゴリズムです）は、カール・フリードリヒ・ガウス（Carolus Fridericus Gauss、1777 ～ 1855）とアドリアン＝マリ・ルジャンドル（Adrien-Marie Legendre、1752 ～ 1833）が個別に研究して開発したものです。

　このアルゴリズムでは、**図29**のように初期値を設定し、反復式を繰り返します。繰り返し回数は、小数点以下第n位まで求めたい場合には「$\log_2 n$回」繰り返すだけでよいので、非常に高速に高精度なπ近似値を求めることができます。

◇様々な「数」

　このように、アルゴリズムによって様々なアプローチで数値計算が行えますが、一言で「数」といってもいくつか種類がありますので、紹介しておきましょう。

整数

　整数 (integer) は小数点を含まない数です。0に1を次々と加算して得られる、「1、2、3、4、5」(正の整数) や、0から1を引いて得られる「−1、−2、−3、−4、−5」(負の整数) が「整数」に該当します。「0」も整数の1つで、0と正の整数のことを「自然数」と呼びます[*17]。

有理数

　有理数 (rational number) は、分数で表すことのできる数です。1/2のように割り切れる数 (有限小数) や、1/3のように割り切れない数 (循環小数) がありますが、どちらも有理数です。また整数も、分母を1とすれば「n/1」のように分数で示すことができますから、有理数の1つです。

無理数

　無理数 (irrational number) は、分数で表すことのできない数です。例えば円周率 π は、「3.1415926535897932…」と無限に続きますが、これを分数で表すことはできません。π のほかに、平方根 ($\sqrt{\ }$)、対数 (log)、三角関数 (sin、cos、tan) なども無理数に該当します。

虚数、複素数

　このほか、2乗すると−1になる数を「i」として、「3i」のように表す虚数 (imaginary number、実在しない想像上の数) があります。例えば「3i」は3i×3iの結果が−3になる数です。このように、虚数は2乗すると0より小さい値になります。また実数＋虚数の形で表す複素数 (complex number) という数もあります。複素数は5＋2iや7−3iのような数です。ちなみにCPUは実数を演算する命令はありますが、虚数や複素数を演算する命令はありません。これらを演算するためには、複素数を構成する虚数と実数を分けて計算しなくてなりません。

　このように、一口に「数」といっても、様々な種類があることを覚えておいてください (図30)。

[*17]　「0」を自然数に含めない考え方もありますが、現代数学では含める場合が多いです。

3-3-1　数値計算アルゴリズムと誤差の考え方

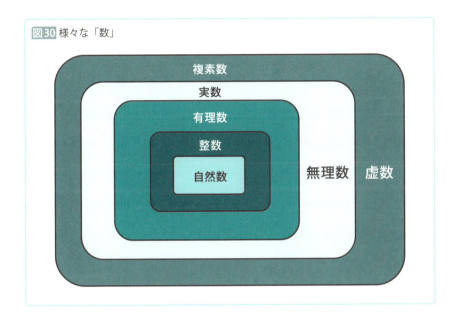

図30 様々な「数」

◇誤差

　アルゴリズムを考えるうえで、もう1つ重要となるのが「誤差」への対応です。誤差とは、本来あるべき正しい値と、計算によって得られた値の差のことです。誤差が発生しないことが望ましいのですが、実数を計算する場合には誤差の発生が避けられません。例えば、1/3は、0.333333……と終わらないので、小数点以下何桁目かで四捨五入をしたり、切り上げたり切り下げたりなどして、どこかで打ち切らないとなりません。

　打ち切ることによって誤差が発生するのですが、例えばGPSでは、たとえ0.01%の誤差であっても、距離にして何十メートルも何百メートルもズレてしまう恐れがあります。GPSを利用した自動運転であれば、大問題になりかねません。

　誤差によってアルゴリズムの正確性を満たさないことになるわけですが、誤差は避けられないものなので、アルゴリズムとして誤差を許容可能な範囲内で収める必要があります。

185

◇近似値と有効桁数と誤差

「近似値」と「有効桁数」という考え方も覚えておきましょう。

数値の正しい値をそれに近い値で表したものを「近似値」といいます。冒頭の実習で試したアルゴリズムも、円周率の近似値を求めるものでした。また、有効桁数とは、近似値のうち「信頼できる桁数」、すなわち「誤差を含まない数値」のことです（図31）。数値の先頭から0を取り除いた意味のある桁が有効桁数としてカウントされ、0が連続する場合は、0でない数字までの0を取り除いてカウントします（0以外の数字の後の0は有効桁数に含めます）。

有効桁数以下の最初の桁が0～9のいずれかであり、それがどれになるかがわからないことで「誤差」が生じます。例えば、「3.14」は円周率πの近似値を有効桁数3桁で表したものですが、もし4桁目を四捨五入したとすると、候補となるのは「3.135、3.136、3.137、3.138、3.139、3.140、3.141、3.142、3.143、3.144」のいずれかです。この場合、誤差は有効桁数4桁目で生じるので、有効桁数3桁の誤差は1/100以下になります。同様に、有効数字5桁の場合の誤差は1/10000以下になります（有効桁数n以下の誤差は$1/10^{n-1}$で算出できます）。

図31 有効桁数

有効桁数1桁の例　<u>3</u>、0.<u>1</u>、0.00<u>1</u>、0.000000<u>1</u>

有効桁数2桁の例　<u>3.1</u>、<u>42</u>、<u>1.0</u>、0.<u>10</u>、0.<u>12</u>、0.000<u>12</u>

有効桁数3桁の例　<u>3.14</u>、<u>626</u>、<u>12.3</u>、0.<u>123</u>、0.<u>100</u>、0.000<u>123</u>

有効桁数4桁の例　<u>3.141</u>、<u>6174</u>、<u>12.34</u>、0.<u>1234</u>、0.<u>1200</u>、0.00000<u>1234</u>

有効桁数5桁の例　<u>3.1416</u>、<u>20102</u>、<u>1234.5</u>、<u>12.345</u>、0.<u>12345</u>、0.000<u>12345</u>

有効桁数6桁の例　<u>3.14159</u>、<u>271129</u>、<u>123.456</u>、0.<u>123456</u>、0.0000<u>123456</u>

◇誤差の原因

誤差が発生する理由も様々です。プログラムを行う際は、誤差にどう対

応するかが大切になるので、ここで主な原因を挙げておきましょう。

丸め誤差

　丸め誤差とは、数値を四捨五入したり、切り上げ・切り捨てをしたりすることで発生する誤差のことです。丸め (round-off) とは、円周率 π の 3.14159265358979……を小数点以下2桁で四捨五入して3.14にしたり、大胆に3にしたりなど、実数を有限桁の小数に収まるようにすることを指します。3.14の場合は、π のとの丸め誤差が「0.00159265358979……」になるのに対して、3の場合には π との丸め誤差が「0.14159265358979」と大きくなるので注意が必要です。

桁落ち誤差

　有効桁数の大きいほうがほぼそろっている数値を減算 (引き算) すると、有効桁数が極端に減ってしまうことがあります。これが「桁落ち」です。例えば、「3.1416」と「3.1415」は、ともに有効桁数5桁です。有効桁数4桁までは3.141までで同じですが、5桁目で異なっていますね。

　この2つの値を減算すると、3.1416−3.1415 = 0.0001になり、有効桁数が1桁になってしまいます。有効桁数が1桁の場合の誤差は$1/10^{1-1}$なので、1/1、すなわち0.0001の100%以下の誤差が生じます。

打ち切り誤差

　処理を繰り返し続ければ正しい答えに近い値が得られるとしても、処理時間がかかりすぎたりメモリを大量に消費したりする場合、適当なところで処理を打ち切って近似値とします。このときに生じる誤差を「打ち切り誤差」といいます。冒頭のライプニッツの公式も、処理を繰り返せば精度の高い近似値を得られますが、前述の通りこのアルゴリズムは永久に続くので、どこかで (求めたい有効桁数が得られたところで) 計算を打ち切る必要がありました。打ち切ったところで打ち切り誤差が発生することになります。どこで処理を打ち切るかは、どこまでの精度を求めるかと関連しますので、しっかりと考慮しなければなりません。

情報落ち誤差

　情報落ち誤差は、非常に大きな数と非常に小さな数を加算したとき、小さい数のほうが計算結果に反映されないことで生じる誤差です。

　プログラミング言語やCPUで指数表現の計算をするときは、小数を仮数部と指数部に分けて保存し、指数部を大きいほうにそろえてから計算します（図32）。

　例えば図33のようなプログラムを書いたとき、n1を10倍していくと、1.23456789×10^8、1.23456789×10^9、$1.23456789 \times 10^{10}$……のように指数部が増えます。0.123も、それに合わせて0.0000000123×10^8、0.0000000123×10^9、$0.0000000123 \times 10^{10}$……のように桁数が増えます。これが続くと、コンピュータの仮数部で表せる範囲を超えてしまい、誤差が生じることになります。

図32 仮数部と指数部

指数表現

x ⟨y 指数部⟩

仮数部

大きな数値を10のn乗で表現する方法
$$1230000 = 1.23 \times 10^6$$

小さな数値を10の-n乗で表現する方法
$$0.000123 = 1.23 \times 10^{-4}$$

図33 JavaScript プログラム例

```
var n1 = 1234567890000000;
var n2 = 0.123;
alert(n1 + n2);
// 実行すると、1234567890000000 のように小数部が表示されない
```

学ぼう！

〔3-3-2〕
数値計算の近道「数表」

◇数値計算を高速化する「数表」

　アルゴリズムの中で何かの計算をするときに、毎回計算するのでは時間がかかってしまい、効率が悪くなります。そこで、あらかじめ入力値に対応する計算結果を表にしておき、それを参照させる手法が用いられます。入力値さえわかれば、その入力値に対応する答えを数表から読み取るだけで済むからです。オーダーも$O(1)$で済みますから、非常に高速な処理が可能になります。この入力値と出力の対応表を「数表」といいます。

　私たちに最も身近な数表は九九の表でしょう（図34）。例えば「7×6」の結果が知りたい場合は、左端の縦の列から「7」を一番上の横の列から「6」を探し、両者が交差するマス目を見ると、「42」が得られます。

図34 九九の数表

	1	2	3	4	5	6	7	8	9
1	1	2	3	4	5	6	7	8	9
2	2	4	6	8	10	12	14	16	18
3	3	6	9	12	15	18	21	24	27
4	4	8	12	16	20	24	28	32	36
5	5	10	15	20	25	30	35	40	45
6	6	12	18	24	30	36	42	48	54
7	7	14	21	28	35	42	49	56	63
8	8	16	24	32	40	48	56	64	72
9	9	18	27	36	45	54	63	72	81

7と6が交差するマス目を見れば、「7×6」の値がわかる

◇ルックアップテーブル

　プログラミングでは、あらかじめ計算結果を配列に格納しておく手法がよく使われます。この計算結果の配列を「ルックアップテーブル（lookup table）」と呼びます。ルックアップテーブルを使えば、その都度計算処理を行

う必要がなくなり、配列に格納されている値を参照すれば答えが得られます。

　例えば、三角関数（sin、cos、tan）や平方根（$\sqrt{2}$、$\sqrt{3}$、$\sqrt{5}$,…）などを計算した値を格納した配列を作成しておくことで、配列の要素番号を指定するだけで答えがわかるようになります。なお、ルックアップテーブルには、あらかじめ決まっている値ではなく、プログラムの途中で計算した結果をルックアップテーブルに格納する場合もあります。ルックアップとは「参照」のこと、テーブルとは「表」のことなので、数表以外にも、プログラムで参照する表は全てルックアップテーブルと呼ばれます。

◇身近な数表と数表の歴史

　数表はITに限らず、日常の様々な場面で使われています。所得税額の計算表や、乗り物や宅配便などの料金表も、数表の一種といえるでしょう。また、P.159で、論理演算の結果を表にまとめた「真理値表」を紹介しま

CoffeeBreak　FDIV問題

　数表の例としてルックアップテーブルを取り上げましたが、ルックアップテーブルにかかわる有名なエピソードがあります。

　1994年10月、米バージニア州リンチバーグ大学のトーマス・ナイスリー（Thomas R.Nicely）教授は、Pentiumプロセッサの不具合に気付き、開発元のIntel社にレポートを送りました。当初Intel社は不具合を否定していましたが、教授が複数の知人にメールを送って調査を依頼したところ、その内容がネットニュースで広まりました。最終的にIntel社は12月20日に公式に謝罪を表明、不具合のあるPentiumプロセッサを無償交換することを発表します。実は同社は、除算命令FDIVを高速化するために、SRT法という新たなアルゴリズムを導入していました。このアルゴリズムが利用するルックアップテーブルにある1066個のエントリのうち、5個に誤りがあったのです。これが不具合の原因でした。アルゴリズムに誤りがなくても、参照する数表が誤っていると、不具合が発生してしまうわけですね。

したが、これも数表の1つです。

ちなみに数表の歴史は意外と古く、古代バビロニアの遺跡から発掘された年度の刻板プリンプトン322（Plimpton322）は、まだ完全ではないものの、数表であることが確認されています（図35）。

米国人の数学者オットー・エドゥアルト・ノイゲバウアー（Otto Eduard Neugebauer、1899〜1990）によると、刻板の各行は三辺の長さが全て整数の直角三角形に対応しており、一種のピタゴラス数の数表になっているそうです[*18]。

図35 プリンプトン322（Plimpton322）

出典：http://isaw.nyu.edu/

またコンピュータのない時代には、測量のための三角関数の数表、天文学のための惑星位置推算表、船舶が自分の位置を算出したり、羅針盤の誤差を測定したりするためなどに用いる航海表など、技術者は目的に合わせて印刷された数表を携帯して、計算をする手助けに使っていました。

P.21で紹介したバベッジの階差機関や解析機関も、正確な数表を作成するために使われていました。数表を使う目的によっては、人命にかかわることもあったため、「正しい数表作り」は当時の重要課題だったのです。

◆「運」に任せたアルゴリズム？

最後に、一風変わったアルゴリズムとして、「モンテカルロ法（Monte Carlo method）」を紹介しておきましょう。

モンテカルロ法は、確率的な事象を「乱数」を使ってシミュレーションするアルゴリズムの総称です。モンテカルロ法という名称は、カジノで有名なモナコ公国の都市「モンテカルロ」に由来します。確率を使う性質か

[*18] この説には、米国のエレノア・ロブソン（Elenor Robson）は異説を唱え、2003年にレスター・R・フォード賞を受けています

ら、ギャンブルにちなんで命名されたとされています。

　ちなみに「乱数」とは、規則性がなく、ランダムに出現する値のことです。例えば、サイコロを振ると、出る目（数）は1～6のいずれかですが、どれになるかはわかりませんよね。5回サイコロを振って、1、2、3、4、5の目が順番に出たとしても、次に振ったら6が出るとは限りません。1～6の目が出る確率はそれぞれ1/6ずつです。

　モンテカルロ法は、答えがあるのは明確だけれど、その解法が複雑すぎてよくわからなかったり、あまりにも実行に時間がかかったりする場合に用いられるアルゴリズムです。例えば将棋や囲碁のように、膨大な指し手から最適な1手を選び出すようなゲームや、巡回セールスマン問題のような、正確に値を計算しようとすると組み合わせ爆発によって莫大に時間がかかる問題を解決するために使われます。

　乱数を使うわけですから、ある意味「運任せ」のアルゴリズムといえますが、決して荒唐無稽なアルゴリズムではありません。

　例えばこのモンテカルロ法を使えば、円周率の近似値を求めることも可能です。半径がrの円と、その円がぴったり入る正方形を考えてみましょう。半径rの円なので、正方形の1辺は$2r$になります。また円の面積はπr^2、正方形の面積は$2r \times 2r$なので$4r^2$です（図36）。

　乱数を使って正方形の中に点を打つと、必ず円の内側か円の外側のどちらかになります。点が円の内側に入った個数「N_{in}」と入らなかった点「N_{out}」の比率は、「円の面積」と「正方形の面積から円の面積を引いた面積」

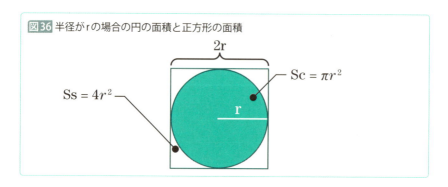

図36　半径がrの場合の円の面積と正方形の面積

（図36の塗りつぶした部分と白い部分）の比率と同じです。つまり「Sc：Ss−Sc」なので、「$N_{in}:N_{out}= \pi r^2:4r^2- \pi r^2$」です。たくさん点を打つほど、$N_{in}:N_{out}$はSc:Ss−Scに収束していきますから、よりπに近づいていきます（図37）。これがモンテカルロ法の考え方です。

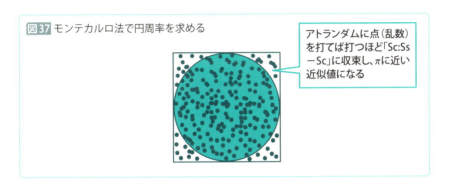

図37 モンテカルロ法で円周率を求める

アトランダムに点（乱数）を打てば打つほど「Sc:Ss−Sc」に収束し、πに近い近似値になる

第3章のまとめ

- アルゴリズムは、「どのような問題を」「どのような順序で」「何に対して行うのか」を記述したものである
- アルゴリズムをコンピュータに実行させるために、プログラミング言語で記述したものがプログラムである
- プログラミング言語には「コンパイル方式」と「インタプリタ方式」がある
- アルゴリズムの計算量はO記法で表すことができる
- 繰り返し処理は「再帰」として記述することができる
- 誤差とは、本来あるべき正しい値と、計算によって得られた値の差のことである
- 数表は、入力値に対応する計算結果をあらかじめ表にしたものである
- モンテカルロ法は乱数を使ったアルゴリズムである

練習問題

Q1 本来あるべき正しい値と、計算によって得られた値の差のことを何と呼ぶでしょう?
- A 階差
- B 僅差
- C 誤差
- D 視差

Q2 数表のオーダーとして正しいものはどれでしょう?
- A $O(1)$
- B $O(n^2)$
- C $O(2^n)$
- D $O(n!)$

Q3 大規模な数値解析をするために開発された、超高速なコンピュータはどれですか?
- A スーパーコンピュータ
- B ハイパーコンピュータ
- C モバイルコンピュータ
- D ラップトップコンピュータ

Q4 乱数を使ったアルゴリズムはどれですか?
- A ダイクストラ法
- B フーリエ変換
- C モンテカルロ法
- D ユークリッドの互除法

Q5 近似値のうち、信頼できる桁数のことを何と呼ぶでしょうか?
- A 確定桁数
- B 信頼桁数
- C 通用桁数
- D 有効桁数

解答 Q1.C Q2.A Q3.A Q4.C Q5.D

Chapter 04

Web検索のアルゴリズムを見てみよう

～アルゴリズムの秘密①～

私たちは、日常的に「Web検索」を行っています。Web検索も、実は様々なアルゴリズムやコンピュータシステムによって支えられています。ここでは、Web検索を支える「文字列検索アルゴリズム」と、Googleが発明した「ページランク」の考え方について解説します。

やってみよう！

[4-1]
文字列検索アルゴリズムを体験してみよう

Web検索では、簡単にキーワード検索を行うことができます。バックヤードで動いているアルゴリズムの1つが「文字列検索」です。ここでは、JavaScriptで実装した簡単な文字列検索プログラムを準備しました。実行ファイルを試し、文字列検索がどのように行われるかを確認してください。なお、JavaScriptには文字列検索用に「indexOfメソッド」があるので、ここではそれを活用しています。また、実行ファイルはダウンロードサイトからダウンロードできます*。

Step 1 ▷ 文字列検索をしてみよう

ダウンロードサイトから、文字列検索プログラム「4-1-1.html」をダウンロードし、実行してください。指定した文字列を検索できることがわかります。また、文字列が見つからない場合は、「見つかりませんでした」という結果が出力されます。

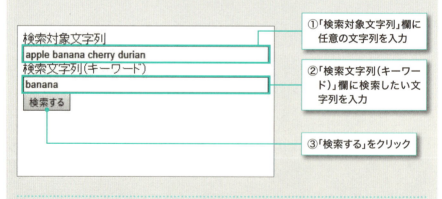

* サンプルファイルは以下のWebサイトからダウンロードしてください。なおサンプルファイルはhtmlファイルですが、「メモ帳」などのテキストエディタにドラッグ＆ドロップして開けば、実際のソースコードも確認できます。
http://www.shoeisha.co.jp/book/download/9784798145280

4-1 文字列検索アルゴリズムを体験してみよう

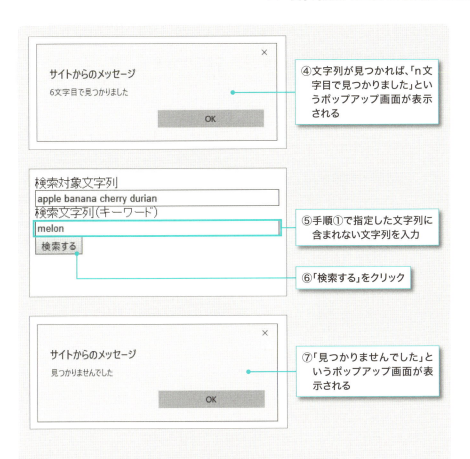

Step2 ▷ JavaScriptのプログラムを見てみよう

Step1で試した実行ファイルを、実際にJavaScriptで示すとどうなるかを見てみましょう。今回実装した文字検索アルゴリズムを確認してください。

```
// 関数    searchString(text, pattern)
//        入力：  text 検索対象文字列、pattern 検索文字列（キーワード）
//        出力：  0以上 見つかった位置、-1 見つからなかった場合
function searchString(text, pattern) {
    var i;
    i = text.indexOf(pattern);
    return i;
}
```

学ぼう！

【4-1-1】
文字列検索アルゴリズムとプログラミング

◇「文字列検索」とは？

　文字列検索とは、ある文字列の中から、その中に含まれる文字列を探し出すことです。インターネットの検索サイトやショッピングサイトはもちろん、文書制作ソフトや表計算ソフトなど、様々な場面で文字列検索が用いられています。ちなみに検索対象の文字列のことをテキスト（text）、検索したい文字列のことをパターン（pattern）と呼びます。

　また、テキストの先頭から末尾に向かって検索することを「前方検索」、逆にテキストの末尾から先頭に向かって検索することを「後方検索」と呼びます。ちなみにJavaScriptでは、前方検索をする「indexOf」、後方検索をする「lastIndexOf」という2つのメソッドが準備されています。ともにパターンと検索を始める文字位置を指定し、パターンが見つかった場合は文字位置を、見つからなかった場合には「−1」を出力する仕組みです（冒頭の実習で活用したのも、この「indexOf」メソッドです）。

　プログラミング言語では、このような文字列検索用メソッドや関数を使えるので、自分でアルゴリズムを考えるケースは少ないかもしれません。

　しかし、文字列検索のアルゴリズムを考える際には、いくつか覚えておかなければならない基礎知識があるので、まずはそれらを紹介していきましょう。

◇文字と数字の対応表「文字コード」

　まず覚えておかなければならないのが「文字コード」です。コンピュータは「数値」しか処理できませんから、当然文字を読むことはできません。よって、コンピュータは、取り扱う全ての文字に番号を振って、その番号

で文字を識別しています。

この「文字と数字の対応表」を文字コードと呼びます。ただし、この文字コードは残念ながら1つではなく、**図1**のようにいくつかの種類があります。余談ですが、PCを扱っているとたまに「文字化け」をすることがありますが、これはコンピュータやソフトウェアが保持する文字コードの違いに起因するものです。

図1 主な文字コード

EBCIDIC	IBM社が策定した文字コード。メインフレームと呼ばれる大型コンピュータで使われるものなので、PCで使うことはほとんどない。英数字、記号、制御文字を1バイトで定義している
ASCII	アルファベットや数字、記号などを定義した文字コード。最も基本的な文字コードとして世界中で使われており、現在使われている他の文字コードも、多くはASCIIコードを基本として拡張されている。例えば日本では、カタカナを割り当てた拡張ASCIIコードを「JIS X 0201」として定義している
SHIFT-JIS	日本語を取り扱うために、Microsoft社によって策定された文字コード。漢字やひらがななどの文字に2バイトで番号を割り当てている。MS-DOS、Windows PC、Apple社のMacOS PCなど、PCの標準文字コードとして使われている
Unicode	全世界の文字を単一の文字コードとして扱うために考え出されたコード。従来は、自国の言語で使う文字について、各国が独自の文字コードを設定していたが、これでは不便なのでUnicodeが考え出され、現在広く使われている。Windows、MacOS、LinuxなどのOSや、プログラミング言語Javaなどで利用されている

◇制御文字とエスケープシーケンス

文字コードの規格で定義される文字のうち、ディスプレイ、プリンタ、ネットワーク機器などに特別な動作（制御）をさせるために使う文字のことを「制御文字」（control code）といいます。制御文字は「文字」と名付けられていますが、ディスプレイやプリンタには表示されないので、非表示文字（non-printing character）とも呼ばれます。

また、プログラムでキーボードから入力できない特殊な文字は、「¥」と組み合わせて表します。特殊な文字とは、制御文字やプログラムで特別な意味を持つ文字のことです。

ちなみに「¥」は、次の文字の本来の意味を打ち消すので、「エスケープ文字」と呼ばれます。例えば、「¥n」は「改行」を表すので、「¥n」をディスプレイに出力すると「¥n」と表示されるのではなく、改行されます「¥n」の「n」にアルファベットの「n」の意味はありません。また、「¥n」で「1つの文字」とみなされます。

◆ 文字列の取り扱い

　0文字以上の文字が連なったものを「文字列 (string)」といいます。多くのプログラミング言語では、文字をシングルクォーテーション(')、文字列をダブルクォーテーション(")で囲んで記述します。また、プログラム内に直接書いた文字列を、文字列リテラル (literal) と呼ぶ場合もあります。リテラルはプログラムのソースコードに直接値を記述したもののことです。古いプログラミング言語では、文字列で日本語を利用するのが面倒なこともありましたが、現代のプログラミング言語では、日本語も簡単に利用することができます。

　なお、文字列の取り扱いについてはいくつかの方法があり、プログラミング言語によって異なります。例えば「ASCIIZ 文字列」(C言語で用いられているのでC文字列とも呼ばれます) は、文字列を構成する文字の終端にヌル文字という制御文字を配置することで、文字列の終わりを明示します[*1]。一方「Pascal 文字列」は、文字列の先頭に「文字数」をデータとして保持するという特徴があります[*2] (図2)。

図2 文字列の取り扱い

*1　終端のヌル文字は文字数には含みません。
*2　Pascal文字列は、リレーショナルデータベースでデータを取り扱うための言語「SQL」でも利用されています。

4-1-1　文字列検索アルゴリズムとプログラミング

　さらに、JavaScript、Java、Ruby、Python、C++などは、オブジェクト指向と呼ばれるパラダイム（paradigm、見方や考え方）で設計されたプログラミング言語ですから、文字列も「文字列オブジェクト」として取り扱います。オブジェクト指向言語は、「何でもオブジェクト（object、もの）として取り扱う」というスタイルだからです。

　文字列をオブジェクトにすることで、文字列を操作する手段（メソッドなど）が提供され、文字列だけではなく文字列に付随する情報（プロパティ情報など）も保持できるようになります。

◇文字列の長さと文字位置

　文字列が含む文字数のことを「長さ（length）」といいます。JavaScriptでは、lengthプロパティで文字列長を知ることができます。

　また、文字列内の文字が何文字目あるのかを表す数値を文字列中の「文字位置」といいます。多くのプログラミング言語では、先頭の文字の位置を「0」と数えます。よって、文字列の最後の文字位置は、「文字列長−1」となるので注意が必要です。

◇力まかせの文字列検索アルゴリズム

　ここまで、コンピュータやプログラミングの世界における「文字」の定義や取り扱いの基本について解説してきました。以上の解説を踏まえつつ、実際の文字検索アルゴリズムについて考えてみましょう。

　文字列検索の基本的なアイデアは、「テキストの先頭からパターンを比較（照合）し、　致しなかったらパターンを右へずらして、パターンがテキストからはみ出るまで繰り返す」というものです。この方法を「力まかせのアルゴリズム（brute-force algorithm）」といいます[*3]。

　図3 は、検索対象の文字列（text）を「algorithm」、検索したい文字列（pattern）を「ari」とした場合の動作イメージです。

*3　「brute」は、「野蛮な」とか「人でなし」の意味ですが、決して野蛮なアルゴリズムではありません。「重い」「鈍い」という意味のほうがニュアンスとしては近いです。

201

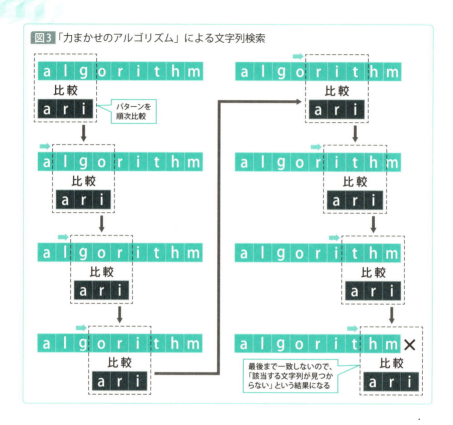

図3 「力まかせのアルゴリズム」による文字列検索

◇プログラミングの際の考え方

　力まかせの文字列検索アルゴリズムの実装イメージを考えるために、文字列を「文字の配列」として考えてみましょう（文字列の長さはプロパティlengthで取得できることにします）。配列のイメージを 図4 だとした場合、テキスト（text）の先頭から検索したいパターン（pattern）を探すアルゴリズムを日本語で記述すると、 図5 のようになります。

　また 図6 は、テキストを「applepie」、パターンを「pie」とした場合の、このプログラムの動作イメージです。何となくアルゴリズムを実装するイメージがつかめるでしょうか。JavaScriptのプログラムで記述した例も示しておきますので、確認してください（ 図7 ）。

4-1-1 文字列検索アルゴリズムとプログラミング

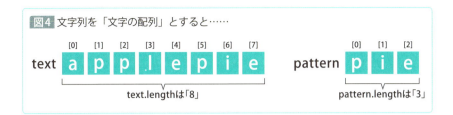

図4 文字列を「文字の配列」とすると……

図5 アルゴリズムを日本語で記述した例

1. テキストの文字配列をtext、パターンの文字配列をpatternとする
2. textの文字位置を示す変数iに0を代入する
3. i≦text.length-pattern.lengthである間、以下の処理を繰り返す
   3-1. patternの文字位置を示す変数pに0を代入する
   3-2. p<pattern.lengthである間、以下の処理を繰り返す
       3-2-1. text[i + p] ≠ pattern[p]ならば、3-2の繰り返しを終了する
       3-2-2. pに1を加える
   3-3. p=pattern.lengthならば結果をiとして終了する
4. 結果を－1として終了する

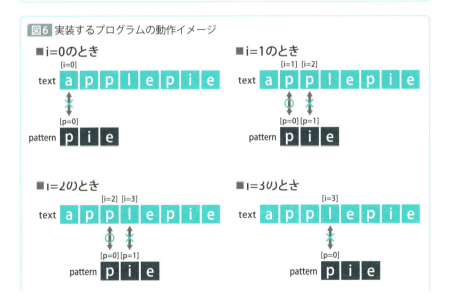

図6 実装するプログラムの動作イメージ

203

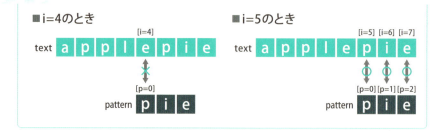

図7 実際のJavaScriptの記述

```
// 関数    searchString(text, pattern)
// 入力：   text テキストの文字配列、pattern パターンの文字配列
// 出力：   0 以上　見つかった位置、-1 見つからなかった場合
function searchString(text, pattern) {
  var i = 0;                              //i をテキストの先頭位置にする
  while (i <= text.length - pattern.length) {  //パターンがテキストの長さを越えない間
    var p = 0;                            //p をパターンの先頭位置にする
    while (p < pattern.length) {          //パターンの長さを越えない間
      if (text[i + p] != pattern[p]) {    //テキストとパターンの文字が一致しない場合
        break;                            //繰り返しを終了する
      }
      p = p + 1;                          //パターンの比較位置を 1 つずらす
    }
    if (p == pattern.length) {            //パターンの最後まで一致した場合
      return i;                           //結果をテキストの一致した位置として終了する
    }
    i = i + 1;                            //テキストの位置を 1 つずらす
  }
  return -1;                              //結果を -1 として終了する
}
```

【4-1-2】
より高速な文字列検索アルゴリズム

◇力まかせのアルゴリズムのオーダー

　前節で紹介した「力まかせのアルゴリズム」は基本的な検索アルゴリズムであり、現在でも使われています。では、このアルゴリズムのオーダーはどれぐらいなのでしょうか。

　最悪の（最も時間がかかる）ケースで考えてみましょう。テキストを「aaaaaaab」、パターンを「aab」とすると、テキストの最後までパターンを繰り返して比較することになります。テキストが8文字、パターンが3文字の場合、比較する回数は「6×3」で「18回」です（図8）。

　テキストの長さをn文字、パターンの長さをm文字とすると、テキストとパターンを比較するのに、最悪の場合は(n−m＋1)×m回も繰り返さなくてはなりません。つまり、オーダーは$O(nm)$です。

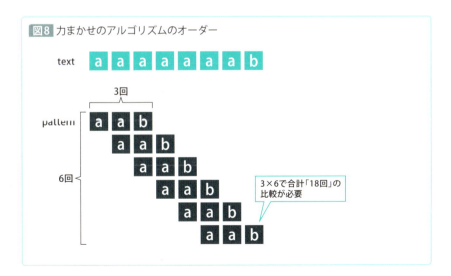

図8 力まかせのアルゴリズムのオーダー

もっとも、このオーダーは最悪の場合なので、実際には $O(n)$ 程度で実行することが可能です。とはいえ、テキストやパターンが数百文字程度ならともかく、数十万文字、数百万文字のサイズになると、かなり処理に時間がかかりそうですね。よって、サイズの大きな文字列検索にはもっと効率のよいアルゴリズムがいりそうです。そこでここでは、もう少し効率的なアルゴリズムを2つ紹介しておきましょう。

◇ずらしテーブルを活用する「KMP法」

　1970年、米国の数学者スティーブン・クック（Stephen Authur Cook、1939 ～）は、「最悪の場合でも文字の比較を m+n に比例した回数だけ行う文字列検索アルゴリズムが存在する」ということを証明しました。この証明に基づいて、ドナルド・クヌース（Donald Ervin Knuth、1938 ～）とオーストラリアのコンピュータ科学者ヴォーン・プラット（Vaughan Ronald Pratt、1944 ～）が、実用になる文字列検索アルゴリズムを考え出します。ドナルド・クヌースについては、P.97でも紹介しましたね。

　2人とは別に、米国のコンピュータ科学者ジェイムス・モリス（James Hiram Morris、1941 ～）も同様のアルゴリズムを発見しました。

　クヌース・モリス・プラットという3人の名前から、このアルゴリズムは、KMP法（Knuth-Morris-Pratt algorithm、クヌース・モリス・プラット法）と呼ばれます。

◇KMP法のずらしテーブル

　力まかせのアルゴリズムでは、テキストとパターンが一致しなかった場合には、テキストを1文字ずらして、再度パターンの先頭から比較していきましたね（P.203の 図6 参照）。つまり力まかせのアルゴリズムでは、「比較の途中までに得られた情報」は捨てていることになります。

　一方、KMP法では、パターンを1文字ずらすのではなく、それまでの情報を活用し、「パターンの何文字目までがテキストに一致したか」に応じ

てパターンをずらす文字数を決めます。

　具体的には、パターンに含まれる各文字について、その文字が不一致になったときに、パターンをどれだけずらせばよいかを調べてテーブルを作ります。このテーブルを「ずらしテーブル」と呼びます。検索をするときには、この「ずらしテーブル」をもとにパターンをずらす文字数を決めるのが、KMP法の基本的な考え方です。例えばパターンの「i文字目」で失敗したということは「0 からi–1文字はテキストとパターンが一致している」ということです。ずらしテーブルには、「パターンのi文字目で失敗したときに、何文字ずらして再開するか」というデータを、検索処理の前処理としてあらかじめ書き込むのです。

　ずらしテーブルを作成する例として、テキストからパターン「miumiu」を検索する場合を考えてみましょう[*4]。

① 1文字目で比較が失敗した場合

　1文字目で一致しない場合には、パターンを「1文字」右にずらし、テキストの次の文字から比較します（**図9**の①）。図中のテキスト中の「−」はパターンと一致しなかった文字です。また「↑」がパターンと比較対象になっている文字です。

② 2文字目で比較が失敗した場合

　1文字目は一致したものの、2文字目でマッチしなかった場合も、パターンを「1文字」右にずらし、パターンの先頭から比較します（**図9**の②）。ここまでの動作は、「力まかせのアルゴリズム」と変わりません。

③ 3文字目、4文字目で比較が失敗した場合

　3文字目でマッチしなかった場合は、①、②の場合とは状況が異なります。テキストの1文字目は「m」、2文字目は「i」であることがわかっているので、もしパターンを1文字ずらしたとしても、1文字目は一致しません（テキストの「i」とパターンの「m」を比較することになる）。よって、

[*4]　ここでは解説をわかりやすくするため、最初の文字を「0文字目」ではなく「1文字目」として考えます。

この場合にはパターンを「2文字」右にずらします。同じように、4文字目がマッチしない場合にはパターンを「3文字」右にずらします（図9の③と④）。

図9 KMP法の動作イメージ①

④5文字目、6文字目で比較が失敗した場合

　5文字目でマッチしない場合には注意が必要です。機械的にパターンを「4文字」右にずらすわけにはいきません。図10の①でわかるように、この時点ではパターンとテキストの1〜4文字目までが一致しています。テキストの1文字目と4文字目はともに「m」という同じ文字です。もしパターンを4文字右にずらすと、テキストの4文字目の「m」を見逃してしまいます。そこで、パターンを「3文字」右にずらして、パターンの2文字目の「i」から比較します。

　同様に6文字目でマッチしない場合も同様に、パターンを5文字右にずらすのではなく、パターンを「3文字」右にずらします。そして、パターンの3文字目から比較処理を再開します（図10の②）。

　以上の動作から、パターン「miumiu」を検索するときのずらしテーブルは図11のようになります。

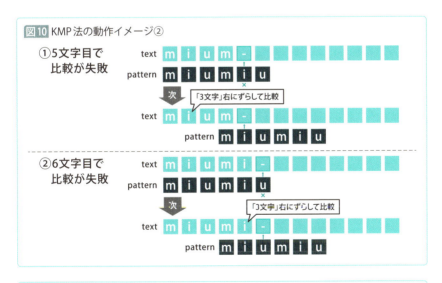

図10 KMP法の動作イメージ②

図11 ずらしテーブル

マッチしなかった位置	1文字目	2文字目	3文字目	4文字目	5文字目	6文字目
ずらす文字数	1	1	2	3	3	3

KMP法のメリットとデメリット

KMP法のオーダーは$O(n)$になります。テキストとパターンの比較の際に「後戻り」が発生しないので、力まかせのアルゴリズムよりも理論的には高速なアルゴリズムです。

しかしながら、現実的には、テーブルを作成するための前処理が複雑なこと、テーブルの利用をするアルゴリズムが複雑になるぶんだけ処理時間がかかることから、短い文字列の検索場合では、力まかせのアルゴリズムのほうが結果的に効率がよい場合もあります。

どちらのアルゴリズムを採用するかは、検索する文字列の分量によって適宜判断する必要があるでしょう。

より実用的なボイヤー・ムーア法

もう1つ、文字検索のアルゴリズムを紹介しておきましょう。コンピュータ科学者のロバート・ボイヤー (Robert Stephen Boyer) とジェイ・ムーア (J Strother Moore) が、1977年に開発した「ボイヤー・ムーア法 (Boyer-Moore String Search Algorithm、ボイヤー・ムーア文字列検索アルゴリズム)」というアルゴリズムです。

KMP法は理論的には優れていますが、前述の通り実際に使用するうえでは、力まかせのアルゴリズムよりも劣っている場合があります。

一方ボイヤー・ムーア法は、理論的にも実用的にも最速な文字列検索アルゴリズムだといえます。

ボイヤー・ムーア法のアルゴリズム

力まかせのアルゴリズムやKMP法が「パターンの先頭」から比較するのに対して、ボイヤー・ムーア法は「パターンの末尾」から比較し、マッチしなかったときに、その文字に対して「パターンをずらす分量」を決定するという方法をとります。

4-1-2 より高速な文字列検索アルゴリズム

テキストからパターン「carol」を検索する場合を考えてみましょう。

前述の通り、ボイヤー・ムーア法では、最初に、パターンの末尾の文字から比較します。末尾の文字がマッチしなければパターンもマッチしないことは明らかなので、パターンの長さだけテキストの比較位置（↑）を右にずらします。この場合は「carol」の文字数5文字ぶん右にシフトします（図12）。

ただし、マッチしないテキストの文字がパターンに含まれている場合には、単純にパターンの長さぶんだけ右にずらすわけにはいきません。パターンを見逃す可能性があるからです。例えば図13の①の場合、発見されなければならない「carol」を見逃しています。

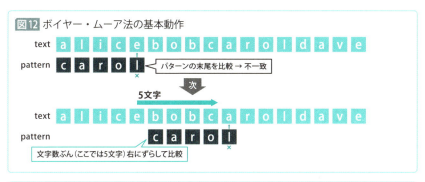

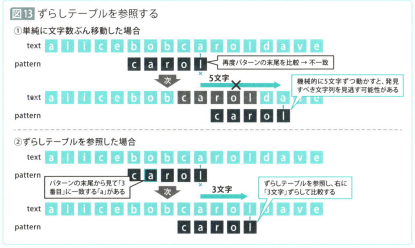

そこで、KMP法と同じように「ずらしテーブル」を利用します。ボイヤー・ムーア法のずらしテーブルはKMP法とは異なり、「パターンの文字が末尾から何番目の位置にあるか」を記録します。パターンに含まれる文字（末尾を除く）は、パターンの末尾から見て何番目の位置にあるかを記録し、それ以外の文字はパターンの文字数ぶんずらすようテーブルに記録します。また、パターンに繰り返し現れる文字は先頭に近いほうの位置にします。そうすると、テキストの一致しなかった「a」は、ずらしテーブルを見るとテキストの比較位置（↑）を「3文字」右にずらせばよいことがわかります（図13の②）。

　ボイヤー・ムーア法のずらしテーブルのイメージを図14に示します。パターンが「carol」の場合、共通する文字はないので、単純にずらす文字数を加算していきます。一方パターンが「ellie」だった場合は「e」と「l」、「steve」だった場合は、「e」が繰り返し現れますから、先頭に近いほうの文字の位置を記録することになります。

　ボイヤー・ムーア法のオーダーは、最悪の場合でも $O(n)$、平均的な場合（文字の種類が多く、パターンがあまり長くない）には $O(n/m)$ です。ボイヤー・ムーア法では、テキストとパターンを1回比較すると、パターンを2文字以上ずらすことができます。平均すると文字の比較の回数は、KMP法や力まかせのアルゴリズムに比べると数分の1で済むことになり、極めて実用性が高い文字列検索アルゴリズムだといえます。

図14 ボイヤー・ムーア法のずらしテーブル

パターンが "carol" の場合

パターンの文字	c	a	r	o	l	それ以外
ずらす文字数	1	2	3	4	5	5

パターンが "ellie" の場合

パターンの文字	e	l	l	i	e	それ以外
ずらす文字数	1	2	–	4	–	5

パターンが "steve" の場合

パターンの文字	s	t	e	v	e	それ以外
ずらす文字数	1	2	3	4	–	5

学ぼう！

〔4-1-3〕
インターネットの歴史とページランク

◇インターネットの歴史

　Web検索のアルゴリズムとして「文字列検索」を解説してきましたが、膨大なWebサイトの中から最適なページを見つけ出すアルゴリズムは文字列検索だけではありません。検索アルゴリズムについてはP.54でも簡単に触れましたが、ここで改めて検索の仕組みを紹介しておきます。その前に、そもそもの「インターネットの歴史」から振り返っておきましょう。

　インターネットの起源は、ARPA（Advanced Research Projects Agency、米国防総省高等研究計画局）が資金を提供して発足したARPANET研究プロジェクトに始まります。1969年10月に、UCLA（カリフォルニア大学ロサンゼルス校）、UCSB（カリフォルニア大学サンタバーバラ校）、ユタ大学、SRI（スタンフォード研究所）の4拠点をIMP[5]（Interface Message Processor）で接続し、ARPANETの運用が開始されました。

　1980年代までは、インターネットは学術・研究目的の世界規模のネットワークとして、企業や大学のネットワークが相互接続することで発展してきました。ただ、1989年に世界初のISPであるPSInet社が創業されるとインターネットの商用利用が可能になり、ビジネス目的や個人でも利用されるようになりました。さらに、1995年にはMicrosoft社がオペレーティング・システム「Windows 95」を発売します。Windows 95はインターネットに容易に接続することができたので、個人のインターネットユーザーが爆発的に増加するきっかけになりました。

◇ 「WWW」の登場

　黎明期のインターネットで主に利用されていたのは電子メール、ファイ

---

[5]　IMPは、現在インターネットの構築に使われているルータの原型です。

213

ル転送、電子掲示板などのサービスでしたが、やがて CERN (European Organization for Nuclear Research、欧州原子核研究機構) のティム・バーナーズ＝リー (Timothy John Berners-Lee、1955 〜) がハイパーテキストシステム「WWW (World Wide Web)」を考案します。

WWWは、複数のWebページを相互に関連づけてリンクする（結び付ける）仕組みです。ユーザーはWebブラウザで表示した文書のリンクを選択することで、リンクしているコンテンツを表示することができるようになりました。このように、リンクをたどるだけでWebページを表示するサーバをウェブサイト（website）と呼びます。

ちなみに世界最初のウェブサイトは、1991年8月6日にバーナーズ＝リーが開設した、World Wide Webプロジェクトに関する要約です。このウェブサイトは現在でも閲覧することができます[*6]。

◇検索エンジンの登場と進化

WWWは「世界中に張り巡らされた蜘蛛の巣」に例えられますが、WWWの登場により、名前通りに世界中のウェブサイトの膨大な数のWebページが複雑にリンクするようになりました。

ユーザーはその膨大なWebページの中から、自分の欲しい情報を見つけ出さなければなりません。そして、ユーザーがキーワードを指定するだけで簡単にWebページを見つけ出せるように考案されたのが「検索エンジン（search engine）」です。

検索エンジンは、WWWに存在するWebページのデータベースを構築し、ユーザーからのクエリ（query、問い合わせ）を分析して、検索結果を表示するプログラムです。検索エンジンによって検索サービスを提供するウェブサイトがYahoo! Japan、Google、goo、インフォシーク、MSNなどの「検索サイト」です。これらのサイトは検索サービスだけでなく、ニュースや天気予報など、様々なサービスを提供する「ポータルサイト」として進化しています。

[*6] URL http://info.cern.ch/hypertext/WWW/TheProject.html

214

◇検索エンジンの仕組み

ここからが検索アルゴリズムの話になります。検索結果は、検索エンジンの検索アルゴリズムによって生成されます。ユーザーにとって「価値のあるWebページ」が上位に表示されるのが「よい検索結果」、言い換えると「品質の高い検索結果」ということになります。

品質は、「検索アルゴリズム」に左右されます。WWWが登場した初期のころはWebページの総数も少なく、ただ単にキーワードにマッチする検索結果を生成すればよかったのですが、現在ではそのような検索結果ではユーザーに見放されてしまいます（実際に淘汰されてなくなった検索エンジンや検索サイトは数多くあります）。

検索エンジンをコアテクノロジーとして起業したGoogle社の会社情報には、「完璧な検索エンジンとは、ユーザーの意図を正確に把握し、彼らのニーズにぴったり一致するものを返すエンジンである」という、Google社の共同創業者のラリー・ペイジ（Lawrence Edward "Larry" Page、1973 〜）の発言が紹介されています[7]。

では、検索エンジンの仕組みはどのようになっているのでしょうか。

WWWの初期の検索エンジンは、手作業でWebページの情報をデータベースに登録する「ディレクトリ型検索エンジン」が主流でした。一方、現在の検索エンジンは、コンテンツの情報を自動的に収集してデータベースに登録する「ロボット型検索エンジン」が主流となっています。ロボット型検索エンジンは、クローラー、インデクサー、クエリサーバの3つの機能から構成されています（図15）。

クローラー

クローラー（crawler）は名前の通り、WWWを這い回ってWebページを収集するプログラムです。

収集されるのは、Webページを構成するHTML文書、CSSファイル、JavaScriptファイル、画像、Flash、PDFなどの各ファイルです。なお、クローラーはスパイダー（spider）とも呼ばれます。

---

[7] URL https://www.google.co.jp/about/company/products/

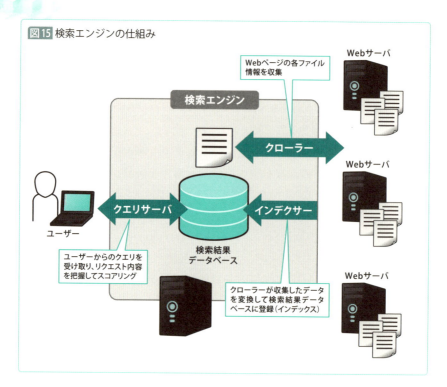

図15 検索エンジンの仕組み

インデクサー

　クローラーによって収集されたWebページは、インデクサー（indexer）と呼ばれるプログラムによって、検索エンジンが処理しやすい形式にデータ変換されます。変換されたデータは、「検索結果データベース」に登録されます。ちなみにデータを検索データベースに登録する処理のことを「インデックス（index、索引付け）」と呼びます。

クエリサーバ

　クエリサーバ（query server）は、ユーザーからクエリを受け取り、クエリを分解してリクエストの内容を把握するサーバです。さらに、リクエストの内容から、インデックスされているコンテンツをランキングアルゴリズムによってスコアリングしています。このランキングアルゴリズムが、

検索結果の順位を決めるアルゴリズムです。そして、最終的にスコアの高い順に検索結果を表示することになります。

◇ページランクとは

　検索結果の算出に革命をもたらしたといわれるのが、「ページランク (PageRank)」という考え方です。ページランクは、Googleの検索エンジンがWebページの重要度を計算するアルゴリズム (指標) の1つで、1998年にGoogle共同創業者のラリー・ペイジとセルゲイ・ブリン (Sergey Mikhailovich Brin、1973～) によって発明されました (ページランクの特許はスタンフォード大学に帰属していて、権利関係についてはGoogleが独占的にライセンスしています)。

　ページランクは、「Webページが他のウェブページからリンクされている数」とその「質」によって決定されます。具体的には、Webページが0～10の11段階に分けられており、数値が大きいほど検索エンジンからの評価が高いことを意味します。ちなみにページランクのアルゴリズムの大まかな概要は、特許や論文から誰でも知ることができます[8]。

◇ページランクの計算方法

　ページランクでは、「多くの質が高いWebページからリンクされているWebページは、やはり質が高いWebページである」という考え方で全てのページの評価点を決定します。具体的には、「Webページのページランク」を、「そのWebページがリンクしているWebページの数で割った数」が、「リンクされているWebページのページランクに加算される」というアルゴリズムで計算されます。

　よって、ただ単純にリンク数が多ければページランクが上がるわけではありません。ページランクの小さい (質が低い) Webページからのリンクが多数あっても、ページランクはあまり上がらないからです。

[8] URL https://www.google.com/patents/US6285999?hl=ja&dq=6285999
URL http://infolab.stanford.edu/~backrub/google.html

図16はページランク計算のイメージです。ページランク10のWebページは2つのWebページにリンクしています。このとき、10÷2＝「5」が、リンク先のWebページのページランクに加算されます。ページランク6のWebページは、ページランク10のページからの「5」とページランク6のページからの「1」を加算した値がページランクになっています[*9]。

なおページランクは、どれだけのリンクが集まっているかという指標値に過ぎません。Googleの検索エンジンがWebページの属性値として利用するものであって、ページランクの評価点の順に表示順位が決定されるわけではないので注意してください（ページランクだけでスコアが決まるわけではありません）。しかし、ページランクの評価点が高いほど検索結果の上位に表示される可能性は高まるため、SEO対策ではページランクの評価点が重要視されています。

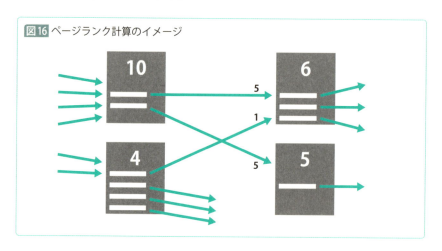

図16 ページランク計算のイメージ

◆現在のページランク

2000年代はページランクは年に2〜3回更新されており、またGoogleが提供するWebブラウザ用のGoogleツールバーを使うことで、簡単にランクをチェックすることができました（図17）。

[*9] 実際のページランクのアルゴリズムはもっと複雑で、線形代数、グラフ理論などによって計算されています。

4-1-3 インターネットの歴史とページランク

しかし2014年10月、Googleはページランク終了を告知し、さらに2016年3月7日には、Webブラウザの拡張機能やGoogleツールバーのページランクスコアを完全に廃止することを正式発表しました。

その後、2016年4月15日をもって、Googleツールバーのページランクが完全削除されます。そのため、現在はWebブラウザでページランクを見ることはできません。

しかし、外部から見ることこそできなくなりましたが、Googleの検索エンジンは現在でも内部的にページランクを利用しています。

図17 かつて提供されていたランクチェック機能

第4章のまとめ

- 文字や記号に割り当てた固有の番号のことを「文字コード」という
- 文字列は0文字以上の文字が連なったものである
- 文字列検索とは、ある文字列の中から別の文字列を探し出すことである
- 力まかせの文字列検索アルゴリズムは、テキストの長さをn文字、パターンの長さをm文字とすると、オーダーは$O(nm)$になるので遅い
- KMP法は理論的には優れているが、実際に使用するうえでは力まかせの文字列検索アルゴリズムよりも劣る場合がある
- ボイヤー・ムーア法は、最も高速な文字列検索アルゴリズムである
- ページランクは、Googleの検索エンジンがWebページの重要度を計算するアルゴリズムであり、指標である

219

練習問題

Q1 日本語を取り扱うために、Microsoft社によって策定された文字コードはどれですか？
- A ASCII
- B EBCDIC
- C Shift JIS
- D Unicode

Q2 文字列の中から文字列を探し出すことを何といいますか？
- A 検索
- B 散策
- C 探検
- D 発見

Q3 最も高速な文字列検索アルゴリズムはどれですか？
- A ダイクストラ法
- B フーリエ変換
- C ボイヤー・ムーア法
- D モンテカルロ法

Q4 Googleの検索エンジンがWebページの重要度を計算するアルゴリズムはどれですか？
- A KMP法
- B ページランク
- C SEO
- D ずらしテーブル

Q1. C Q2. A Q3. C Q4. B

Chapter
05

圧縮・解凍と暗号化の
アルゴリズムを見てみよう
〜アルゴリズムの秘密②〜

本章では、「圧縮・解凍」と「暗号化」のアルゴリズムについて解説していきます。大量のデータをスムーズに、かつセキュアにやり取りするうえで、圧縮・解凍や暗号化は欠かせない技術です。そしてこれらの技術も、様々なアルゴリズムによって実現されています。本章でその仕組みを紐解いていきましょう。

やってみよう！

(5-1)
圧縮・解凍アルゴリズムを体験してみよう

私たちが日常的に行っている「ファイルの圧縮・解凍」という操作も、実はアルゴリズムによって実現されています。JavaScriptで実装した簡単な文字列の圧縮・解凍プログラムを準備したので、圧縮・解凍がどのように行われるかを確認してください。なお、ここでは「ランレングス符号化」というアルゴリズムを利用しています。また、実行ファイルはダウンロードサイトからダウンロードできます*。

Step1 ▷ 文字列を圧縮してみよう

ダウンロードサイトから「5-1-1.html」をダウンロードし、実行してください。ここで実装したのは、文字列を「文字」と「その文字が連続する回数」に変換することで圧縮するという、ごく単純なアルゴリズムです（繰り返し回数は9回までとしています）。例えば「abbcccaaaaaaaaaa」と入力して圧縮すると、「a1b2c3a9a1」というように文字列が圧縮されます。

圧縮前 bbbccccc00aaaaaa
圧縮後

圧縮する↓ 解凍する↑ クリア

① 「圧縮前」欄に数字や文字列を連続入力（画面では「bbbccccc00aaaaaa」）

② 「圧縮する」をクリック

圧縮前 bbbccccc00aaaaaa
圧縮後 b3c502a6

圧縮する↓ 解凍する↑ クリア

③ 「文字」と「その文字の連続回数」に圧縮される（画面では「b3c502a6」）

---

* サンプルファイルは以下のWebサイトからダウンロードしてください。なおサンプルファイルはhtmlファイルですが、「メモ帳」などのテキストエディタにドラッグ＆ドロップして開けば、実際のソースコードも確認できます。
http://www.shoeisha.co.jp/book/download/9784798145280

5-1 圧縮・解凍アルゴリズムを体験してみよう

Step2 ▷ 文字列を解凍してみよう

同じ「5-1-1.html」を利用し、今度はStep1で圧縮した文字列を解凍してみましょう。解凍のアルゴリズムも簡単で、「文字列を2文字ずつ取り出し、文字と文字の連続する回数から復元する」（繰り返し回数は9回まで）というものです。また、文字と繰り返し回数の組み合わせになっていなくても、エラーチェックは行わないものとしています。

①「圧縮後」欄に「b3c502a6」と入力

②「解凍する」をクリック

③文字列が解凍され、元の「bbbcccccc00aaaaaa」という文字列が表示される

実習を終えたら、「5-1-1.html」をテキストエディタにドラッグ＆ドロップして開き、それぞれのソースコードもぜひ確認してください。また参考までに、今回のアルゴリズムを日本語で記した例も示しておきます。

圧縮アルゴリズム

1. 圧縮前の文字列を格納してある変数をbtとする
2. 圧縮後の文字列を格納する変数atに空文字列をセットする
3. 1文字前の文字を保持する変数preにbtの0文字目を代入する
4. 文字が連続している回数を保持する変数cntに1を代入する
5. 文字列btを参照するインデックス変数iに1を代入する
6. iがbtの文字数未満である間6-1〜6-3を繰り返す
    6-1. 文字列からi番目の文字を取り出してcに代入する
    6-2. もしpreがcと等しければ前の文字と連続しているので
        6-2-1. cntに1を加える
        6-2-2. もしcntが10ならば9文字を越えたので
            6-2-2-1. atに文字cと9を追加する
            6-2-2-2. cntに1を代入する
    6-3. もしpreがcと等しくなければ前の文字と異なるので
        6-3-1. atに文字cとcntを追加する
        6-3-2. preにcを代入する
        6-3-3. atに文字cとcntを追加する
            ※最後の文字が残っているので
7. 終了する

解凍アルゴリズム

1. 圧縮前の文字列を格納してある変数btに空文字列をセットする
2. 圧縮後の文字列を格納する変数をatとする
3. atから2文字取り出した0文字目を格納する変数をcとする
4. atから2文字取り出した1文字目を格納する変数をlenとする
5. 連続している回数を数える変数をnとする
6. 文字列atを参照するインデックス変数iに0を代入する
7. iがbtの文字数未満である間7-1〜7-5を繰り返す
    7-1. 文字列からi番目の文字を取り出してcに代入する
    7-2. 文字列からi+1番目の文字を取り出して整数値化してlenに代入する
    7-3. nに0を代入する
    7-4. nが0未満である間6-4-1〜6-4-2を繰り返す
        7-4-1. btにcを追加する
        7-4-2. nに1を加える
    7-5. iに2を加える
8. 終了する

223

学ぼう！

〔5-1-1〕
「可逆圧縮」のアルゴリズム

◇データ圧縮とは

　データ圧縮 (data compression) とは、一定のアルゴリズムに従って、データの意味を保持したままで容量を削減する処理のことです。圧縮されたデータを元のデータに復元する処理のことを「解凍 (data decompression)」といいます。ハードウェアの進化により、私たちが取り扱えるデータの容量は膨大なものになってきました。よって、データの圧縮・解凍処理は、今後もますます重要なものになっていくでしょう。

　データ圧縮を実現するアルゴリズムにも様々なものがありますが、大きく「可逆圧縮 (lossless compression)」と「非可逆圧縮 (lossy compression)」に大別できます。

◇可逆圧縮と非可逆圧縮

　可逆圧縮は圧縮したデータを圧縮前の状態に完全に復元できる手法のことです。一方、非可逆圧縮では、圧縮前の状態に完全に復元することはできません。わかりやすいところでは、ZIP圧縮は可逆圧縮で、JPEG圧縮は非可逆圧縮です。ZIP圧縮した文書は解凍しても元通りですが、一度JPEG圧縮した画像は、元の画像から情報が失われて保存されているので、完全な状態で復元することはできません。

　ワープロや表計算などのアプリケーションで作成したファイルやメールなどは、情報が失われると困るので可逆圧縮を使います。これに対して、画像や音声、映像などは、データにある程度の損失が出ることを許容することで圧縮率を高められるため、非可逆圧縮を使うことが多いです。

　また圧縮形式は、ファイルの拡張子で識別することができます。よく使われているファイルの拡張子は 図1 のようなものです。

224

5-1-1 「可逆圧縮」のアルゴリズム

図1 圧縮されたファイルの主な拡張子

	ファイル形式	拡張子
可逆圧縮方式	7z形式データ圧縮ファイル	.7z
	LZH形式データ圧縮ファイル	.lzh
	PNG形式画像ファイル	.png
	RAR形式データ圧縮ファイル	.rar
	ZIP形式データ圧縮ファイル	.zip
非可逆圧縮方式	JPEG形式画像ファイル	.jpg
		.jpeg
	MP3音声ファイル	.mp3
	MP4デジタルマルチメディアコンテナファイル形式	.mp4

◇ランレングス符号化

　代表的な可逆圧縮アルゴリズムに「ランレングス符号化 (Run Length Encoding、RLE)」があります。冒頭の実習でも利用したアルゴリズムで、ランレングス法 (Run Length Method、連長法) とも呼ばれます。アルゴリズムが単純なので、主に画像データの圧縮として広く一般に利用されています。

　ランレングス符号化は、連続する同一の値を、「値×回数」という列の長さ (run-length) の情報に置き換えます。一般的にデータ表現の多くは、同様のデータが繰り返されるバイト列で構成されるという特長があります。よって、「繰り返し」があるときに、1つのデータとその繰り返し回数に符号化することで、データを圧縮することが可能なわけです (「符号化」とは、あるデータを別の規則に従って異なるデータに変換したり圧縮したりすることです)。

　わかりやすく、冒頭の実習で試したような文字列で考えてみましょう。**図2** は「aaaaabbbaaaccccccca」という20文字のデータをランレングス符号化で圧縮した例です。

　＜文字＞＜繰り返し回数＞＜文字＞＜繰り返し回数＞＜文字＞＜繰り返

225

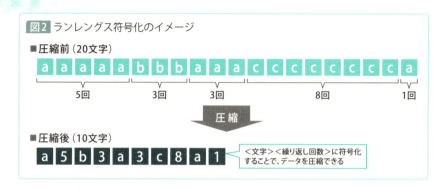

し回数><…>と符号化することで、20文字が10文字に圧縮されています。つまり、圧縮前のデータの50%に圧縮できたことになります。繰り返し回数に1文字使うと考えると、「0～9」までで最大9回の繰り返ししか指定できませんが、文字ではなく1バイトの数値で指定すると、0～255までの繰り返し回数を指定できることになります。

ちなみに身近なところでは、ファクシミリもランレングス符号化によって送信データを圧縮しています。

◇ランレングス符号化の欠点と解決策

ランレングス符号化は、1つのデータがある程度連続して出現する場合には効率よく圧縮できますが、連続していない場合には圧縮されるどころか圧縮前のデータよりサイズが増える場合があります。

例えば「abbbabccccac」という12文字のデータをランレングス符号化で圧縮すると「a1b3a1b1c4a1c1」となり、サイズが「14文字」に増えてしまいます（図3の①）。

このような場合の解決策の1つとして、圧縮前のデータが繰り返している場合のみ<文字><繰り返し回数>と符号化し、1回しか出現しない場合には繰り返し回数を省略するようなアルゴリズムにする方法があります。この手法を用いれば、「abbbabccccac」は9文字に圧縮できます（図3の②）。

5-1-1 「可逆圧縮」のアルゴリズム

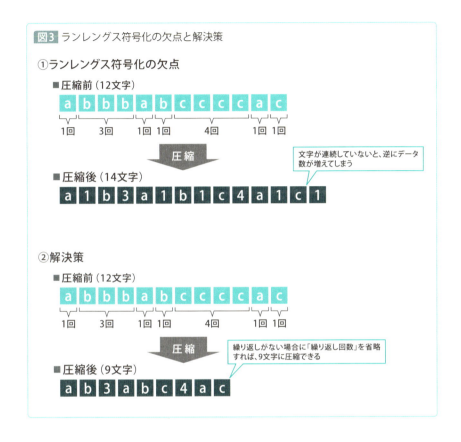

図3 ランレングス符号化の欠点と解決策

① ランレングス符号化の欠点
■圧縮前（12文字）
■圧縮後（14文字）
文字が連続していないと、逆にデータ数が増えてしまう

② 解決策
■圧縮前（12文字）
■圧縮後（9文字）
繰り返しがない場合に「繰り返し回数」を省略すれば、9文字に圧縮できる

◇ハフマン符号化のアルゴリズム

　可逆圧縮のアルゴリズムをもう1つ紹介しておきましょう。それが1952年にデビット・ハフマン（David Albert Huffman、1925〜1997）が開発した「ハフマン符号化（Huffman coding）」というアルゴリズムです。

　ハフマン符号化では、頻出度の多いデータを、短いデータに符号化することで圧縮します。ランレングス符号化とは異なり、ハフマン符号化で符号化されたデータは、符号化前のデータよりも必ずサイズが小さくなります。

　ハフマン符号化のアルゴリズムには様々なバリエーションがありますが、その一例を紹介しておきます。例えば、「supercalifragilisticexpialid

227

ocious」というアルファベット34文字のデータを圧縮したいとします。1文字1バイトと考えると、この文字列のサイズは34バイトになります。

ハフマン符号化では、まず文字を頻度でまとめ[*1]、出現する回数と文字を表にします（図4）。

さらに、最も出現頻度が高い文字にはビット列0、次に高い文字には10、その次に高い文字には110のように、ビット列を割り当てていきます[*2]。

「1バイト=8bit」ですから、図4で最も頻度の多い文字「i」は、もともと1文字8bit（1バイト）だったものが1bitに圧縮されたことになります。同様に、その次に頻度の高い文字「a、c、l、s」は、それぞれ「2、3、4、5bit」に圧縮できます。頻度の低い文字は1バイトよりもサイズが大きくなることもありますが、全体ではきちんと圧縮されるはずです。

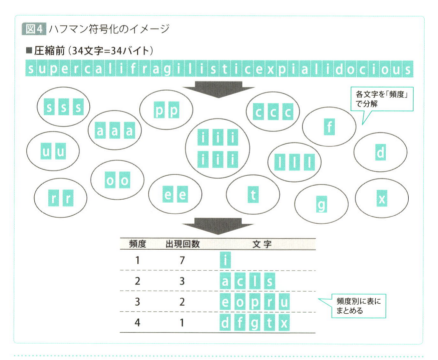

図4 ハフマン符号化のイメージ

[*1] ハフマン符号化では、実際には「ハフマン木」というバイナリツリーを作成して頻度をまとめます。
[*2] 同じ頻度の場合にはビット列が重複しないように割り当てます。

5-1-1 「可逆圧縮」のアルゴリズム

　このように頻度に応じてbit列を割り当てた表を「符号表」といいます（図5）。ハフマン符号化ではランレングス符号化では必要のない符号表が必要になるわけですが、この符号表のサイズは圧縮後のデータに加味されます。

　この符号表に従ってbit列を割り当てると図6のようなイメージになって、この総bit数を計算すると「194bit」になります。

　元のデータは34バイト、すなわち「272bit」なので、3分の2程度に圧縮できました。

図5 符号表

文字	割り当てるbit列（符号化）
i	0
a	10
c	110
l	1110
s	11110
e	111110
o	1111110
p	11111110
r	111111110

文字	割り当てるbit列（符号化）
u	1111111110
d	11111111110
f	111111111110
g	1111111111110
t	11111111111110
x	111111111111110

図6 符号表に従ったbit列の割り当てイメージ

229

【5-1-2】
「非可逆圧縮」のアルゴリズム①
画像圧縮編

◇非可逆圧縮とは

　「非可逆圧縮」とは、圧縮効率を高めるためにデータの欠損を許容して圧縮する方式のことです。よって、非可逆圧縮により圧縮されたファイルは、解凍しても圧縮前の状態には戻りません（戻せません）。

　非可逆圧縮するアルゴリズムの多くは、「圧縮後のサイズ」と「品質」のどちらを重視するかによって、圧縮率（圧縮の度合い）を決定することになります。前節でも触れましたが、非可逆圧縮は、メールや文書など、文字で構成されるデータには用いられず、画像や映像、音声などのデータを圧縮する際に用いられます。なぜなら、文字データはデータの欠損があると意味をなさなくなってしまいますが、画像や映像、音声は、多少データの欠損があっても、意味が変わってしまうことがないからです（図7）。

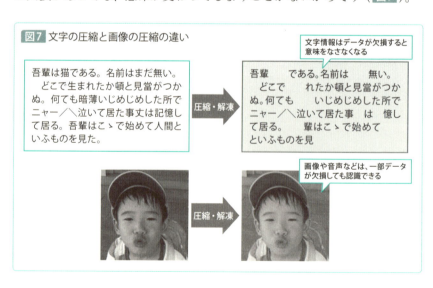

図7 文字の圧縮と画像の圧縮の違い

◇画像の最小単位「ピクセル」

　ではここからは、本節のテーマである画像圧縮のアルゴリズムについて見ていきましょう。P.109でも触れましたが、コンピュータは画像を取り扱うために、画像を細かい四角に分割しています。この四角のことをピクセル（pixel、画素）といいます。ピクセルは画像を取り扱う最小単位です。例えば、デジカメの性能などは「800万画素数」のように表現されますが、これは撮影した画像データが「800万個の四角」に分割されているということを意味します。分割の個数が多ければ多いほど画素数が多い、すなわち画像の解像度が高いということになります。

　また、それぞれのピクセルは、光の三原色であるR（赤）、B（緑）、G（青）に基づく色情報を保持しています。一般的には、RGBそれぞれを0～255の「256段階」で表現した色情報を保持します。RGBそれぞれ2の8乗ずつの色情報を持つので、合計すると約1677万色もの色を表現できることになります（図8）。人間の目で識別できる色数は約700万～800万程度といわれているので、十分な情報ですね。

　画像を圧縮する際は、よく似た色を「同じ色」と見なしたり、人間が認知できない色情報を割愛することで、データを圧縮しているのです。

図8 RGBの比率による色の表現例

色	R	G	B
赤	255	0	0
青	0	0	255
緑	0	255	0
黄色	255	255	0
シアン	0	255	255
マゼンタ	255	0	255
黒	0	0	0
白	255	255	255
さくら色	254	244	244
群青色	76	108	79
黄緑色	220	203	24
ばら色	233	84	107

◆ JPEG圧縮のアルゴリズム

　画像を圧縮する際によく用いられるのがJEPG圧縮です。JEPGは、コンピュータが取り扱う静止画像（デジタルデータ）を圧縮する規格です。ちなみにJPEGは「Joint Photographic Experts Group」の略称で、実はこのアルゴリズムを作った組織の略称でもあります。

　さて、JPEG圧縮では、画像データが持つRGBの各成分を、輝度（luminance）を表す「Y」と、色差を表す「Cb (blue difference)」「Cr (red difference)」というカラーモードに変換します。

　「輝度」とは文字通り明るさの変化のこと、「色差」とは、「緑→黄緑」「紺→濃紺」のような、色の変化のことです。人間の目は、一般に輝度には敏感ですが、色差には鈍感であるといわれています。

　よって、カラー画像のJPEG圧縮では、「Y」「Cb」「Cr」のうち、「Cb」と「Cr」の成分を削減することで圧縮を行っています。この操作のことをサブサンプリング（subsampling）といいます。

　図9を見てください。これは、Y成分はそのままで、CbとCrの成分をそれぞれ間引いたものです。Y成分「4」に対し、CbとCrは「1」に間引い

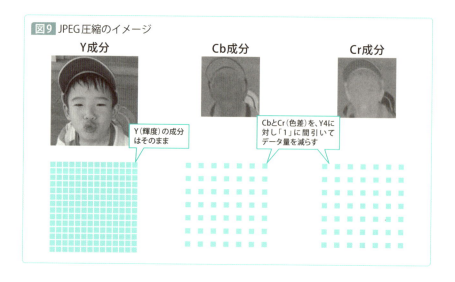

図9　JPEG圧縮のイメージ

ているため、トータルすると元画像の約半分に圧縮できることになります。

　ただ、輝度 (Y) の情報はそのままなので、人間の目ではそれほど劣化に気付きません。ただし、CbとCrの情報が一部失われているので、これは非可逆圧縮ということになります。なお、図の例では「Y：Cb：Cr」の割合を「4:1:1」としましたが、「4:2:2」にする圧縮もあります。このほうが間引いているピクセルは少ないので、画像の品質が高まります（ただし、そのぶん圧縮率は低くなります）。

◇画像の「周波数」を分析して圧縮する

　ところで、音に「周波数」があるように、画像にも周波数があります。画像の周波数とは、隣接するピクセルとピクセルの変化の差です。ピクセルの変化が大きいところは周波数が大きく、変化が小さいところは周波数が少ないことになります。

　音の場合は時間の変化に伴う振動の回数のことなので「時間周波数」、画像の場合には空間の変化に伴う振動の回数なので「空間周波数」とも呼ばれます。JPEGでは、前述のCbCrサブサンプリングによる圧縮の後、空間周波数分析によってさらに圧縮を加えています。

　図10 はY成分の画像です。濃度の変化が少ない部分は周波数が小さく、濃度の変化が多い部分は周波数が大きくなります。人間の目は、低周波成分の変化には敏感であるが、高周波成分ほど変化に鈍感になるという特性があります。これを利用して高周波数成分を削減すれば、人間の目には品質の低下を気付かれずに、データを圧縮することができます。

　このように、CbCrの成分や空間周波数を数値化し、それらの「差の配列」を、前節で触れたハフマン符号化やランレングス符号化などによって圧縮するというのが、画像圧縮の基本的な考え方となります。

　最もシンプルな例でいえば、モノクロの画像ならば、単純に白と黒のピクセルが連続するので、「白か黒」と「繰り返し」に符号化する「ランレングス符号化」を、そのまま圧縮に適用できることになります。

図10 画像の周波数

周波数が低い
（人間が変化に気付きやすい）

周波数が高い
（人間が変化に気付きにくい）

CoffeeBreak　現れては消える「画期的な」圧縮アルゴリズム

　「従来より数倍圧縮率が高い、画期的な圧縮アルゴリムが開発された」というニュースが飛び交うことがあります。いささか旧聞ですが、2002年には米国のある企業が「従来の100分の1程度まで可逆圧縮できる新技術を発明した」と発表したことがありました。

　このような画期的なアルゴリズムは、果たして本当に可能なのでしょうか。少なくとも現時点では、答えは「否」です。

　情報理論には「情報符号化定理（シャノンの第1定理）」と呼ばれるものがあり、「どのようなアルゴリズムを用いても、その情報が持つエントロピーを越えて符号化することはできない」とされています。エントロピーとは、情報が持つ「規則性」のことです。

　データは、文字の繰り返しや出現頻度など、何らかの規則性を持っており、その規則性を持っているからこそ圧縮できます。ただ、圧縮することにより、その規則性は失われます。つまり情報エントロピーが増大する（不規則になる）のです。そう考えると、圧縮したデータを圧縮することには、自ずと限界があることがわかります。

　ただし、それはあくまで現時点での話です。数学的には、特に「可逆圧縮」の圧縮率の上限は未だ求められていないので、従来より圧縮率を高めたアルゴリズムが出てくる余地はあるかもしれません。

学ぼう！

〔5-1-3〕
「非可逆圧縮」のアルゴリズム②
音声圧縮編

◇音声データをデジタル化する

　コンピュータはデジタルデータしか取り扱えませんので、コンピュータで音声データを取り扱うためには、音をデジタル化しなくてはなりません。デジタル化するためには、アナログの音声データの「標本化」および「量子化」を行います。両者とも、アナログデータをデジタル信号に変換するための基本原理です。

　まず「標本化」ですが、音声データは連続しているアナログ信号なので、一定の周期で細かく分割することによって、その時点の大きさを取り出します（図11）。この操作が標本化です（標本化は「サンプリング」ともいいます）。また、標本化の際に、1秒あたりいくつの標本（データ）を取り出すのかを表す数値を、「サンプリング周波数」といいます。サンプリング周波数が高ければ高いほど、高音質ということになります。

　ちなみにサンプリング周波数の単位は「Hz（ヘルツ）」で表します。携帯電話や固定電話のサンプリング周波数は「8kHz」ですが、これは1秒間に8000回の割合でデータを取り出していることを意味します。また音楽CDのサンプリング周波数は「44.1kHz」で、これは1秒を44100分の1に分割してデータを取り出していることになります。

　標本化で取り出した音の大きさを段階的に分割し、数値化する作業が「量子化」です（図12）。量子化の単位には「bit数」を用います。電話の場合の量子化bit数は8ビットなので、2の8乗、つまり256段階で量子化しています。一方音楽CDの場合の量子化bit数は16bitなので、2の16乗、つまり65536段階で量子化していることになります。bit数が大きいほど、元の音を忠実に再現しているということです。

　このような標本化と量子化の処理を経てアナログデータから変換された

235

デジタルデータの波形は、最終的に 図13 のように示すことができます。

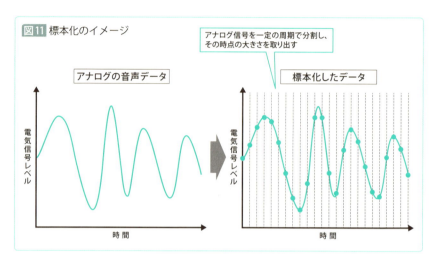

図11 標本化のイメージ

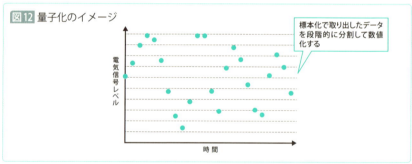

図12 量子化のイメージ

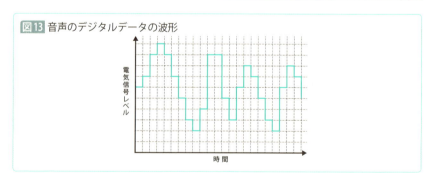

図13 音声のデジタルデータの波形

◇ MP3の圧縮アルゴリズム

ここまでの解説を踏まえ、本節のテーマである「音声圧縮」のアルゴリズムについて見ていきましょう。

音声データの圧縮形式は、無圧縮、可逆圧縮、非可逆圧縮の3種類があります。無圧縮は「圧縮しない」ということなので、実質的な圧縮アルゴリズムは2種類です。図14は、一般的な音声圧縮形式と、ファイルに保存する場合の拡張子です。

非可逆圧縮でよく用いられる方法は、人間の耳に聞こえにくい高域成分を切り捨ててしまうことでサイズを圧縮する方式です。

特に有名な音声圧縮のアルゴリズムは「MP3 (MPEG-1 Audio Layer-3)」でしょう。MP3では、音質の低下を最低限に抑えながら、かつ無圧縮データの10分の1程度にデータサイズを圧縮できるので、携帯音楽プレイヤーなどで利用するフォーマットとして広く使われています。

では、具体的な手法 (アルゴリズム) を見ていきましょう。

図14 音声圧縮形式と拡張子

圧縮形式	圧縮形式名	説明	拡張子
非圧縮 （無圧縮）	AIFF	アップル社の標準音声ファイルフォーマット	.aiff
	WAV	Microsoft Windowsの標準音声ファイルフォーマット	.wav
可逆圧縮	ALAC (Apple Lossless Audio Codec)	アップル社のiTunes、iPod、iPhoneなどで使用される音声圧縮フォーマット。現在はオープンソース化されている	.m4a .mov など
	FLAC (Free Lossless Audio Codec)	オープンソースの音声圧縮フォーマット	.flac
非可逆圧縮	AAC (Advanced Audio Coding)	1997年にMPEG (Moving Picture Experts Group) で規格化された音声圧縮フォーマット	.3gp .aac など
	MP3 (MPEG-1 Audio Layer-3)	音楽配信で標準的に使われる音声圧縮フォーマット	.mp3

最小可聴限界の音をカット

音の大きさ（音圧）や電波の強度を示す単位に「デシベル (dB)」があります。「最小可聴限界」とは、人間に聴こえるか聴こえないかの境目の電圧を指します。音声データには、人間には聴こえない音圧レベルのデータも含まれます。

MP3では、デジタル化した音声データから、この音圧のデータを削除することでデータを圧縮しています。ちなみに図書館の音は40デシベル、一般的な会話の音は60デシベル、電車内の音は80デシベルといわれます。20デシベル差があると、音圧は10倍の違いになります。

マスキング効果で聞き取れない音をカット

人間の耳は、大きい音と時間的・周波数的に近い音は知覚できないという特長があります。これを「マスキング効果」といいます。

例えば、混雑している喫茶店などでは、周囲の人の声が大きいと、自分たちの会話が聞き取りにくくなりますよね。これがマスキング効果です。MP3では、このように大きな音に紛れてかき消されてしまう小さな音のデータを削除することで、データ量を圧縮しています。

余談ですが、人々の声で騒々しい中でも、携帯電話の着信音はよく聞こえます。これは、着信音と人間の声とでは周波数が異なるためです。MP3では、このように周波数が異なり聞き取りやすい音は削除しません。

可聴域を超える部分をカット

人間が聞き取ることのできる周波数を「可聴域」といいます。人間の可聴域は、低音は20Hz程度、高音は15kHz 〜 20kHz程度といわれます（周波数が小さいほど低い音です）。この可聴域を超えるデータもMP3で削除される部分です。

図15 の①は、あるJ-POPの音楽CDの周波数を解析した結果です。同じ曲を、MP3（192kbps）で圧縮したのが 図15 の②です。MP3では、19kHz（19000Hz）以上のデータがばっさりとカットされていることがわかります。

238

5-1-3 非可逆圧縮のアルゴリズム② 音声圧縮編

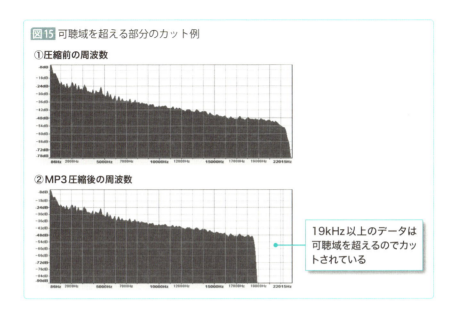

図15 可聴域を超える部分のカット例
①圧縮前の周波数
②MP3圧縮後の周波数

19kHz以上のデータは可聴域を超えるのでカットされている

ビットレートを下げる

　圧縮した音声データの品質を決める指標に「ビットレート（bit rate）」があります。ビットレートとは「1秒間あたりのビット数」のことで、ビットレートが高いほど高品質になります（そのぶんデータサイズは大きくなります）。ちなみに標本化44kHz、量子化16ビットの音楽CDのビットレートは1411.2kbpsです。「bps」は「bit per second」のことで、文字通りビットレートを示しています。このビットレートを下げることで、データを圧縮することができます。

　「mp3ornot.com」というサイトでは、ビットレートが128kbpsと320kbpsのMP3の音を聞き分けるテストをすることができます（図16）。筆者も試してみましたが、正直違いがよくわかりませんでした。皆さんもぜひ一度試してみてください。

　このように、MP3では人間が聞き取れないレベルの音圧や周波数の音をカットすることで、音質の劣化を防ぎつつ、データを圧縮しているのです。

図16 MP3の音質聞き分けテスト

『mp3ornot.com』
URL http://mp3ornot.com/

CoffeeBreak　スマートフォンの声は機械合成音

　スマートフォンでは、通話音声をデジタル化してモバイル回線で送信しています。ただし、音声を忠実にデジタル化すると、そのデータ量はとても大きくなってしまいます。かといって圧縮率が高すぎると、通話の音質も悪くなるため、それはそれで問題です。

　そこでスマートフォンでは「CELP（Code Excited Linear Prediction、セルプ）」という符号化方式を用い、音声をデジタル化しています。CELPのアルゴリズムでは、音声を「声の特徴」と「音韻[*3]」の情報に分離し、声の特徴を除いた音韻情報をデジタル化することで、データ量を小さくしています。声の特徴については、「コードブック」と呼ばれる「音の辞書」から、送話者のアナログの音声に最も近い音声情報を選択して割り当てます（コードブックには何千人もの音声がデジタル化されて登録されています）。送話者側のスマートフォンは、このコードブックに登録されている番号を音韻情報のデータとともに送信します。一方受話者のスマートフォン側では、受け取った音韻情報データとコードブックに登録されている番号の音から、送話者の声を合成して再生しています。つまり、私たちが聴いている「送話者の音声」は、実はスマートフォン内部で合成された合成音なのです。

[*3] **音韻**　言語として「意味を区別できる単位」の音のことです。日本語ならば「あ」や「い」のように、それ以上分解できない音を指します。

(5-1-4) 「非可逆圧縮」のアルゴリズム③ 動画圧縮編

◆動画データとコンテナ

　最後に、動画圧縮についても触れておきましょう。動画データは、実際には少しずつ異なる静止画像を連続して見せることで、あたかも映像が動いているように見せかけています。パラパラ漫画の原理と同じです。よって、動画データには、何千枚、何万枚もの静止画像データが含まれていることになります。

　また、動画を再生すると映像とともに音声も再生されますから、動画データには音声データも含まれることになります。

　この映像データと動画データを格納するファイルフォーマットを、コンテナフォーマット（container format）、略して「コンテナ」といいます。コンテナは、動画データや音声データを入れる箱のようなものです。また、コンテナには再生時に映像と音声を同期するための情報や、タイトル、作者などのメタデータも格納されます（図17）。

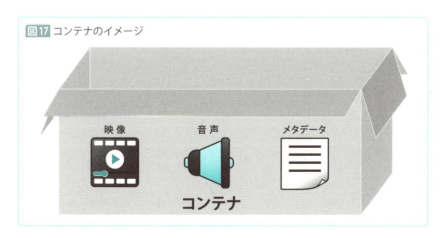

図17 コンテナのイメージ

動画データを圧縮することを「エンコード (encode)」、再生することを「デコード (decode)」といいますが、このエンコードとデコードを実現する際のルール、つまりはアルゴリズムのことを「コーデック (compression/decompression、codec)」といいます。

コーデックには、「映像コーデック」と「音声コーデック」があります。前節で解説したMP3は、音声コーデックの1つです。

一方映像コーデックでは、1枚1枚の静止画像を圧縮することで、静止画像の総体である映像データ全体を圧縮しています。画質や音質はコーデックに左右されます。そこでデータの品質を保持しながら圧縮するために、標準化団体や企業などが様々なコーデックを定義しています。

コンテナによって対応するコーデックが異なりますので、図18に代表的なコンテナと対応コーデックを示しておきます。図を見ればわかる通り、動画ファイルの拡張子は「コンテナの種類」を表しています。

図18 コンテナとコーデックの対応

コンテナ名	圧縮形式名	動画コーデック	音声コーデック	拡張子
AVI (Audio Video Interleave)	Windows 標準のコンテナ。動画データとオーディオデータを交互に織り交ぜ (interleave) て格納する	H.263、H.264、MPEG-1/-2、WMV など	AAC、FLAC、LPCM、MP3 など	.avi
FLV (Flash Video)	インターネット上で動画配信用コンテナ。YouTube で使われている。Web ブラウザのプラグインで再生可能	H.263、H.264 など	AAC、ADPCM、MP3、LPCM など	.flv .f4v など
MKV (Matroska Video File)	字幕表示、多重音声などが可能な最も多機能なコンテナ。多くのコーデックに対応するので、Матрёшка (マトリョーシカ) から命名された	H.264、MPEG-1/-2/-4、Quick Time など	AAC、AC-3、FLAC、MP3、PCM など	.mkv .mka など
MOV	アップル社Quick Timeの標準コンテナ。Windows版のサポートは終了している	H.264、MPEG-4 など	AAC、LPCM、MP3 など	.mov .qt
MP4	MPEG-4の標準コンテナ。MOVがベースとなっている。QuickTime PlayerやWindows Media Player などで再生可能	H.263、H.264、MPEG-4 など	AAC、MP3 など	.mp4 .m4a
MPEG-2 PS (MPEG-2 Program Stream)	CDに記録することを目的に策定されたMPEG-1の拡張版。DVD(DVD-Video、DVD-VR)などで採用されているコンテナ	MPEG-1/-2 など	AC3、LPCM、MPEG2 など	.mpg .m2p .m2ps
MPEG-2 TS (MPEG-2 Transport Stream)	日本の地上デジタル放送や、世界各国のデジタル放送規格の多くで採用されている	MPEG-1/-2 など	AC3、LPCM、MPEG2 など	.mpg .m2p

5-1-4　非可逆圧縮のアルゴリズム③ 動画圧縮編

◈ MPEG

　動画ファイルの圧縮で、最もよく使われているのが「MPEG」です。MPEG は「Moving Picture Experts Group（動画専門家集団）」の略称で、グループの名称であるとともに、このグループが策定した規格の名称でもあります。音声コーデックの「MP3」やコンテナの「MP4」は、いずれも MPEG が規格化した方式です*4。MPEG は進化を続けており、今では様々な規格があります（図19）。

図19　主な MPEG の規格	
MPEG規格	**説 明**
MPEG-1	最初のビデオ・オーディオ圧縮基準規格。ビデオの VHS と同レベルの画質を実現できる。MP3（Layer 3）オーディオ圧縮フォーマットを含んでおり、旧式のデジタルカメラの動画などで使われていた
MPEG-2	DVD や地上デジタル放送などで採用されている動画規格。MPEG-1 と比較すると圧縮率と画質が向上している
MPEG-3	MPEG-2 に吸収され、現在は規格としては存在しない
MPEG-4	携帯電話回線のように、通信速度が遅くても動画送信できることを目的とし、画質よりも圧縮率に重点を置いた規格。ITU-T（国際電気通信連合の電気通信標準化部門）が規格化した動画圧縮方式「H.263」を基本技術として作られている。3Dコンピュータグラフィックスや音声合成などを含む広範な規格
MPEG-7	圧縮方法ではなく、動画や音声を検索しやすくするための方法を定義した規格
MPEG-21	圧縮方法ではなく、著作権に配慮して動画再生できることを定義した規格

◈ MPEGの圧縮アルゴリズムあれこれ

　MPEG には様々な圧縮アルゴリズムが使われていますが、ここでは主なものを見ていきましょう。映像データに含まれる1枚1枚の静止画像のことを「フレーム（frame）」といいますが、MPEG-1 では1つのフレームの中で、ピクセルの値が連続している部分を、ランレングス符号化によって圧縮する「フレーム内圧縮」というアルゴリズムを用いています。

　ただしフレーム内圧縮は、1枚の画像では効果的ですが、多くの画像を要する動画では圧縮効率がよいとはいえません。

*4　MPEG は ITU-T（国際電気通信連合、電気通信標準化部門）と共同で規格化作業を行うことがあるため、MPEG-2 システムは ITU-T が策定した H.222.0 と同等です。同様に、MPEG-2 ビデオは H.262、MPEG-4 Part 10 AVC は H.264 と同等だと考えて構いません。

243

そこで、フレーム間で似たような部分を圧縮する「フレーム間予測」というアルゴリズムが併用されています。
　フレーム間予測とは、「隣り合うフレーム間にはピクセルの値が近いものが多い」という特性（これを画素間相関といいます）を利用したものです。このフレーム間予測は、動画圧縮の基礎となる技術の1つですので、もう少し詳しく説明しておきましょう。
　動画においてフレームが切り替わるときには、「動いている部分」と「動いていない部分」があります。動いている部分と動いていない部分の「差分データ」だけを記録するようにすれば、それ以外のデータを削減することができますね。例えば、図20において「フレーム1」の次のフレームが「フレーム2」だとすると、フレーム2の全てを記録しなくても、カコミの部分だけ記録すればよいことになります。なお、1フレーム目と2フレーム目の隣り合うフレームの差分を「フレーム間差分」といいます。1フレーム目とフレーム間差分があれば2フレーム目は復元できるので、2フレーム目のデータ全てを保存する必要はありません。
　このような処理を繰り返せば、動画全体のデータ量を圧縮することができます。なお、フレーム間予測には、時間的に前のフレームから予測する「前方向予測」、後のフレームから予測する「後方向予測」、前後のフレームから予測する「双方向予測」など、様々な種類があります。

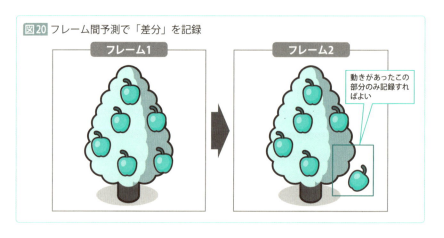

図20 フレーム間予測で「差分」を記録

5-1-4　非可逆圧縮のアルゴリズム③ 動画圧縮編

◈ MPEGのフレーム「GOP」

　もう1つ、MPEGによる動画圧縮を理解するための覚えておいてほしいのが、「GOP（Group Of Pictures）」という言葉です。MPEGのフレームは、Iフレーム、Pフレーム、Bフレームの3種類のフレームからなる「GOP」という単位で構成されます[*5]。MPEGファイルは、このI、P、Bフレームを組み合わせ、GOP単位で管理することで圧縮率を高めています。それぞれのフレームは何が違うのでしょうか。

Iフレーム

　Iフレーム（Intra Picture）は、GOPの中で基準になるフレームで、「キーフレーム」とも呼ばれます。動画の最初は必ずIフレームになります。このフレームは前後のフレームとは独立していて、フレーム内圧縮のみ行います。フレーム内圧縮は、JPEG圧縮のようなものだと考えてください。細かな圧縮は行われないため、画質は高いですが、動画全体から見ると、このフレームの圧縮率は低くなります。

Pフレーム

　Pフレーム（Predictive Picture）は、Iフレームか過去のPフレームから変化した差分（前方向予測からの差分）だけを記録したフレームです。Pフレームでは、前のフレームと全く同じフレームならば、記録されるのは少しのビットだけになります。ただし、前のフレームと全く異なるフレームならば、Iフレームと同等の圧縮率になります。

Bフレーム

　Bフレーム（Bidirectionally Predictive Picture）は「双方向フレーム」とも呼ばれ、過去のフレームと未来のフレームの、双方向の差分を記録したフレームです。Bフレームは、Pフレームよりもさらに圧縮率は高くなります。ちなみにBフレームは、他のBフレームを利用することはできません。相互に参照して無限ループに陥ることを防ぐためです。

[*5]　日本や米国で使われているNTSC（National Television System Committee）方式のDVDでは、GOP内のフレーム数は最大18フレームです。

245

GOPの動作イメージを**図21**に示します。動画圧縮では、出発点となるIフレームを起点に、Pフレーム、Bフレームによってそれぞれ「差分」だけを記録することで、動画全体の圧縮率を高めているのです。

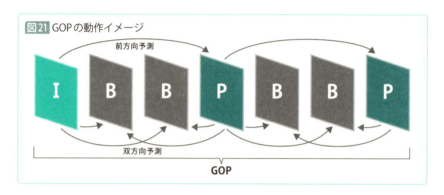

図21 GOPの動作イメージ

CoffeeBreak　固定ビットレートと可変ビットレート

　音声圧縮アルゴリズムの解説で「ビットレート」が出てきましたが（P.239参照）、このビットレートの操作は、動画圧縮のアルゴリズムでも用いられています。ビットレートは「1秒間あたりのビット数」ですから、ビットレートの値が大きいほどデータの転送量が多くなり、音質や画質が高まります。動画圧縮では、「固定ビットレート」と「可変ビットレート」という2つの方法を使い分けています。

　「固定ビットレート（Constant Bit Rate、CBR）」は、設定した一定のビットレートでエンコードする方法です。ビットレートが一定なので、ライブ中継なども安定して視聴することができます。また、ファイルサイズの計算がしやすいというメリットもあります。ただし、設定以上のビットレートが必要なシーンでは画質が劣化したり、逆にビットレートに余裕がある場合には、データが無駄になったりすることがあります。

　一方「可変ビットレート（Variable Bit Rate、VBR）」は、動画の状況に合わせてビットレートを最適になるように調整するアルゴリズムです。その時々で最適なビットレートを設定することで、高い品質を保ちながら、無駄なく圧縮することができます。

やってみよう！

〔5-2〕
暗号化を体験してみよう

インターネットが発達し、様々なデータを手軽にやり取りできるようになった今、セキュリティを確保する「暗号化」は欠かせないアルゴリズムになっています。JavaScriptで実装した簡単な暗号化プログラムを準備しましたので、ぜひ試してみてください。なお、実行ファイルはダウンロードサイトからダウンロードできます*。

Step1 ▷ 文字列を暗号化しよう

ダウンロードサイトから「5-2-1.html」をダウンロードしてください。パスワードを設定すれば、任意の文字列を暗号化することができます。

①「パスワード」欄に任意のパスワードを入力

②「平文」欄に任意の平文（暗号化したい文字列）を入力

③「暗号化する↓」をクリック

④文字列が暗号化されて表示される*

---

* サンプルファイルは以下のWebサイトからダウンロードしてください。なおサンプルファイルはhtmlファイルですが、「メモ帳」などのテキストエディタにドラッグ＆ドロップして開けば、実際のソースコードも確認できます。
http://www.shoeisha.co.jp/book/download/9784798145280

* 暗号化されたデータはバイナリデータなので、Base64エンコーディングで英数字にエンコード（変換）して表示されます。

247

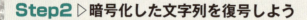

Step2 ▷暗号化した文字列を復号しよう

Step1で暗号化した文字列を、今度は復号してみましょう。復号とは、暗号文を平文に復元することで、暗号化とは逆の動作になります。

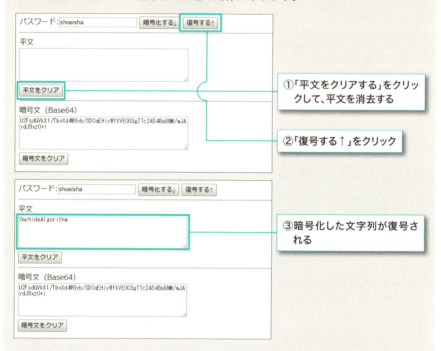

続いて、もう一度「平文をクリアする」をクリックして、平文を消去してください。暗号化したときとは異なるパスワードを入力し、再度「復号する」をクリックしてみます。今度はパスワードが異なるため、復号できなくなります。

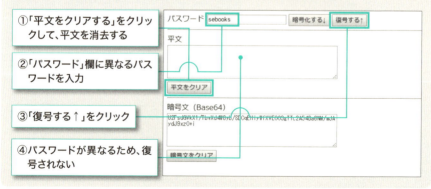

Step3 ▷ ハッシュ値を計算してみよう

最後に、文字列のハッシュ値も計算してみましょう。ハッシュ値とは元のデータの「固有の値」で、データの指紋のようなものです。ハッシュ値の計算は暗号化ではありませんが、情報セキュリティで使われる技術です。ダウンロードサイトから、ハッシュ値計算用のプログラム「5-2-2.html」をダウンロードしてください。

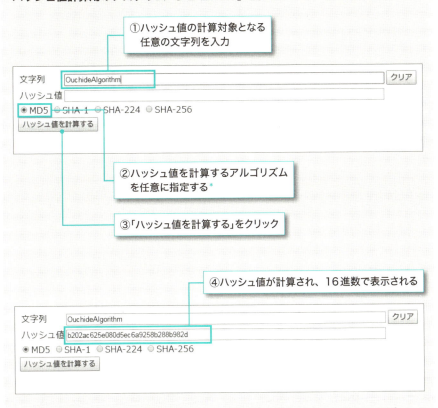

あらゆるデータは、内容が異なればハッシュ値は全く異なります。逆にいえば、ハッシュ値が同じであれば、同一の内容であるということです。様々な文字列で、ハッシュ値を計算してみてください。同じ文字列であれば同じハッシュ値、異なる文字列であれば異なるハッシュ値が表示されるはずです。つまり、ファイルの内容がわからなくても、ハッシュ値さえ計算すれば、内容が同一であるか異なるかを見分けることができるということです。

＊　ハッシュ値のサイズは、MD5 では 128bit、SHA-1 では 160bit、SHA-224 では 224bit、SHA-256 では 256bit です。

学ぼう!

(5-2-1)
暗号化の歴史と基本

◇暗号化とは

　インターネットが普及して日常生活に欠かせなくなった昨今、個人情報が漏洩したり、企業のサーバが攻撃されたりなど、セキュリティに関する事件がひんぱんに報道されて社会問題になっています。

　大切な情報資産を守るための有効な手段の1つが「暗号化(encryption)」です。暗号化とは、通信を盗聴されたりファイルを盗難されたりしても、第三者には内容がわからないような状態にデータを変換することです。

　暗号化の歴史は古く、コンピュータが登場する以前から使われています。当時は、今日のように日常生活で利用されることは少なく、戦争の道具、一種の武器として使われていました。ここでは、簡単に暗号化の歴史を振り返りつつ、古くからある代表的な暗号化手法を紹介しておきましょう。

スキュタレー暗号

　古代ギリシャで使われていたのされるのが、「スキュタレー暗号」です。スキュタレー(scytale)は、ギリシャ語で「バトン」のことで、長い羊皮紙に文字列が書かれており、バトンに巻き付けることで文字を解読できるという手法でした。古代ギリシャでは、スパルタ人が軍の通信のために、この暗号法を用いていたといわれています。

ステガノグラフィ

　ステガノグラフィ(steganography)とは、データを他のデータに埋め込むことを指します。ステガノグラフィは暗号化とは異なりますが、機密性対策の1つです。ステガノグラフィのわかりやすい例は「炙り出し」です。紙に無色の液体で文字を書き、その紙を炙ることで、文字が浮かび上がるというものです。ギリシャでは、兵士の頭にメッセージを入れ墨していた

5-2-1 暗号化の歴史と基本

こともあったそうです。兵士の頭髪を剃ることで、メッセージを知ることができるという仕組みです。

シーザー暗号

シーザー暗号は、文字をずらすことによって、第三者に内容をわからなくする暗号化手法です。例えば「せえはなほ」は、五十音を4文字ずらすと「こんにちは」になるというイメージです。映画「2001年宇宙の旅」に登場するコンピュータHALは、「IBM」を1文字ずらして名付けられたといわれています。

◇換字式暗号と転置式暗号

暗号化のアルゴリズムは、基本的に「換字式暗号」と「転置式暗号」に分けられます。換字式暗号は、文字を別の文字に換えることで内容を秘密にするアルゴリズムで、シーザー暗号が換字式暗号に該当します。

一方、転置式暗号は、文字の順番を入れ替える方法で[6]、スキュタレー暗号が転置式暗号に該当します。コンピュータの暗号も、換字式暗号と転置式暗号を利用して、それらを複雑に組み合わせることで、解読されにくくしています。

◇暗号化の基本となるキーワード

ここからは、具体的な暗号化の仕組みを見ていきます。暗号化の仕組みは 図22 のようになります。暗号化を学ぶうえで、特に大切となるキーワードを紹介していきましょう。

平文

平文（plaintext、ひらぶん）は、秘密にする前のデータのことです。文字情報ではなく、画像や音声情報であっても平文といいます。

----

[6] 転置を利用した言葉遊びをアナグラム（anagram）といいます。余談ですが、女優メグ・ライアン（Meg Ryan）の名前は、「Germany」のアナグラムです。

251

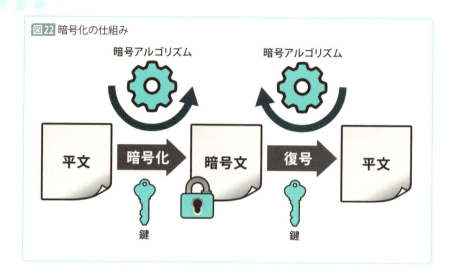

図22 暗号化の仕組み

暗号文

　暗号文（cipher text）は、平文を変換して秘密にしたデータです。第三者が見てもわからないので、盗聴されたり盗難されたりしても、平文の内容を知ることはできません。

暗号化

　暗号化（encryption）は、平文を暗号文に変換することです。暗号化することで、平文の内容を第三者から秘匿します。

復号

　復号（decryption）は暗号文を平文に復元することです。暗号化の逆の動作になります。

暗号アルゴリズム

　暗号化や復号をどのように行うかの手順です。前述のシーザー暗号であれば、「○文字ずらす」という手順がアルゴリズムです。どのような暗号アルゴリズムを使って暗号化したのかは、秘密にする必要はありません（む

しろ、どのような暗号化アルゴリズムによって暗号化されたのかを知らないと復号できません)。

先に暗号化アルゴリズムは「換字式暗号」と「転置式暗号」に分けられるといいましたが、別の分類として、「共通鍵暗号方式」と「公開鍵暗号方式」に分けることもできます (P.254、P.258参照)

鍵

鍵 (key) は暗号アルゴリズムで使用するデータです。暗号化に使う鍵を「暗号鍵」、復号に使う鍵を「復号鍵」といいます。シーザー暗号の場合は「○文字ずらす」の○のことです。

なお、シーザー暗号では鍵を知らなくても、アルファベットなら最大25回試せば復号できますが、コンピュータの暗号アルゴリズムで使う鍵は巨大な桁数の数値です。

鍵の桁数のことを「鍵長」といいます。鍵長が長いほど、暗号化されたデータは安全になります。鍵を知らないと、簡単には復号できません。

暗号を利用する場合、暗号アルゴリズムではなく「鍵」を秘密にすることになります。

暗号強度

暗号の安全さのことを「暗号強度」といいます。同じ暗号化アルゴリズムを使う場合には、鍵長が長いほど暗号強度が強くなりますが、暗号化と復号にかかる時間は長くなります。

また、暗号強度がどれだけ強くても、鍵が知られてしまえば秘密にしたい内容は知られてしまいます。

暗号解読

暗号解読は、第三者が鍵を知らないのに暗号文を平文に復号することです。考えうる鍵を力任せに全て試す暗号解読手法を「ブルートフォースアタック (brute-force attack、総当たり攻撃)」といいます。

【5-2-2】
暗号化アルゴリズム①
共通鍵暗号方式

◇共通鍵暗号方式

　ここからは、具体的な暗号化のアルゴリズムを紹介していきます。暗号アルゴリズムの方式は、「共通鍵暗号方式」と「公開鍵暗号方式」に大別できます。まずは共通鍵暗号方式の仕組みから見ていきましょう。

　共通鍵暗号方式は、暗号化と復号に同じ鍵を使う方式のことです。この鍵を「共通鍵」といいます(「共有鍵」「秘密鍵」とも呼ばれます)。

　この方式で暗号化した場合、暗号化する際に使用した共通鍵を、復号を許可する人に知らせる必要があります(図23)。暗号化と復号で同じ鍵を使うからです。前節で紹介したスキュタレー暗号やシーザー暗号も、共通鍵方式に分類されます。

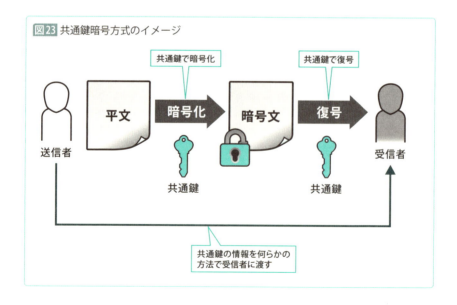

図23 共通鍵暗号方式のイメージ

◆代表的な共通鍵暗号アルゴリズム

共通鍵方式のアルゴリズムには、実に様々なものがあります。よく使われているアルゴリズムを紹介していきましょう。

DES

DES(Data Encryption Standard、デス)は1976年に米国国立標準局(NBS)が、連邦情報処理の公式アルゴリズムとして採用し、1970年代〜1990年代半ばまで世界中で使われていたアルゴリズムです(図24)。ただし、P.153でも解説した通り、DESは現在では安全ではないと見なされています。DESで使われる共通鍵のbit数は56bitですが、56bit程度の鍵長は、コンピュータの処理速度が上がった現在ではブルートフォースアタックによって短時間で解読できるからです。

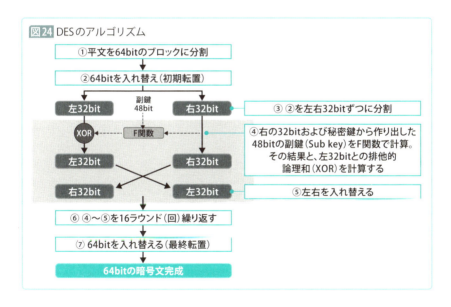

図24 DESのアルゴリズム

トリプルDES

トリプルDESは、DESを3回施す暗号アルゴリズムです。DESが安全

でなくなったために考え出されたもので、DESの処理を3回繰り返すことで暗号強度を高めています。

AES

AES（Advanced Encryption Standard、新しい暗号標準）は、DESの後継として、米国の国立標準技術研究所（NIST）によって制定された暗号化規格です。1997年にDESの後継となる共通鍵方式の暗号化規格が公募され、世界中から21の方式が提案されます。その中から、ベルギーの研究者ホァン・ダーメン（Joan Daemen、1965～）とフィンセント・ライメン（Vincent Rijmen、1970～）が開発したこのアルゴリズムが選ばれました。なおAESは呼び名で、実際のアルゴリズム名は「Rijndael（ラインダール）」といいます。AESの鍵長は128bit、192bit、256bitから選択でき、アルゴリズムは 図25 のようになっています。AESは2017年現在、共通鍵暗号の標準として世界中で使われています。

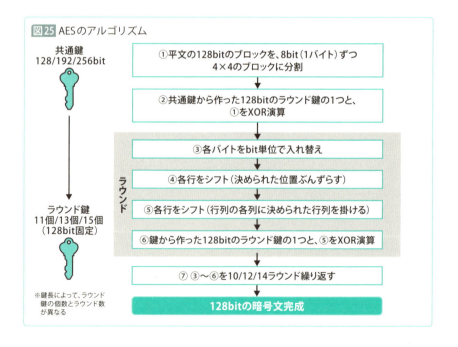

5-2-2　暗号化アルゴリズム①　共通鍵暗号方式

◇共通鍵暗号方式の長所と注意点

　共通鍵暗号方式の長所として、CPUが得意とするbit演算や論理演算で暗号化するため、非常に高速である点が挙げられます。また平文のサイズに制限がないので、サイズの大きいデータでも暗号化することができます。

　一方、共通鍵暗号方式には暗号化と復号で同じ鍵を使うという特性があるため、「鍵の配送」と「鍵の管理」に留意しなくてはなりません。

鍵の配送

　共通鍵暗号方式では、暗号文を復号することを許可する相手に、どのように安全に共通鍵を渡すのかを考えなければなりません。メールで送信すると盗聴される危険性がありますし、USBメモリにコピーして郵送すると盗難される危険性があります。このように様々な脅威が想定されるので、鍵の配送には十分に注意を払わなくてはなりません。

鍵の管理

　暗号文を復号することを許可する相手が多数いる場合、暗号文を共有するのでない限り、それぞれ個別に鍵を作成しなければなりません。相手が増えると鍵の作成はもちろん、管理の手間も増えるので大変です。共通鍵暗号方式を採用する際は、これらのデメリットも考慮しておくべきです。

CoffeeBreak　ケルクホフスの原理

　オランダの暗号学者アウグスト・ケルクホフス（Auguste Kerckhoffs、1835〜1903）は、軍事用暗号に関する論文で、「暗号方式は、秘密であることを必要としてはならず、敵の手に落ちても不都合のないようにできること（秘密鍵以外の全てが知られたとしても安全であるべきである）」と述べました。これがケルクホフスの原理です。つまり共通鍵暗号では、どのような暗号アルゴリズムを使っているかは誰に知られても構いませんが、共通鍵だけは絶対に第三者に知られてはいけないということです。

257

【5-2-3】
暗号化アルゴリズム②
公開鍵暗号方式

◇公開鍵暗号方式とは

　共通鍵暗号方式と並ぶ、もう1つの代表的な暗号方式が「公開鍵暗号方式」です。こちらの方式では、「暗号化」と「復号」に、それぞれ異なる2つの鍵を使います。

　2つの鍵をそれぞれ「公開鍵 (public key)」と「秘密鍵 (private key)」といいます。また、公開鍵と秘密鍵の組み合わせのことを「鍵ペア (key pair)」といいます。

　鍵ペアの鍵は対になっており、送信者が公開鍵暗号で暗号化する場合には、受信者の公開鍵を使って暗号文を作成します。一方、受信者は受け取った暗号文を自分自身の秘密鍵で復号します（図26）。

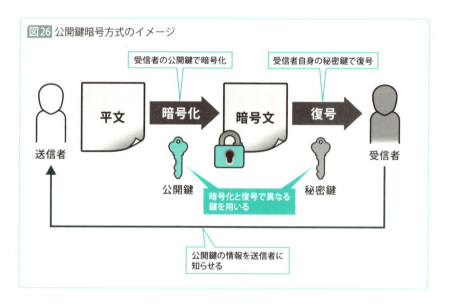

◇公開鍵と秘密鍵

　公開鍵暗号方式で暗号化する場合には、送信者は受信者の公開鍵を使って暗号化します。そのため、暗号化をする前に、あらかじめ受信者の公開鍵を入手する必要があります。その際、受信者は自分の公開鍵を電子メールなどの危険性がある手段で送信者に渡しても構いません。なぜなら、公開鍵と秘密鍵は、鍵ペアとして作成されますから、第三者が公開鍵を手に入れても、その公開鍵から秘密鍵を作ることはとても困難だからです。

　公開鍵で暗号化された暗号文を受け取った受信者は、自分の秘密鍵で復号します。この秘密鍵が他人に知られると暗号文を復号されてしまうので、秘密鍵は絶対に他人に知られてはいけません。

◇公開鍵暗号方式のアイデア

　公開鍵暗号方式のアイデアは、米国の暗号学者ホイットフィールド・ディフィー（Bailey Whitfield Diffie、1944 〜）とマーティン・ヘルマン（Martin Edward Hellman、1945 〜）によって、1976年に発表されました。

　それ以前は、暗号方式といえば共通鍵暗号方式のことでした。共通鍵暗号方式の仕組みは、「家の鍵」と同じです。家の鍵を閉めるときと開けるときの鍵が同じであるように、暗号化と復号に同じ鍵を使います。全く普通の考え方だったので、広く受け入れられてきました。

　ただし前述したように、この方式は「信頼できる相手に、どのように安全に鍵を渡すか」が問題となっていました。

　そこでディフィーとヘルマンは、天才的な発想で、暗号化と復号に異なる別の鍵を使用する仕組みを考え出したのです。このアイデアは、街中にある郵便ポストに似ています。郵便ポストには誰でもが郵便物を投入することができます。しかし、それを取り出すことができるのは郵便ポストの鍵を持っている郵便局員だけです。公開鍵暗号も考え方は同じです。公開鍵で暗号化することは誰でも可能ですが、その暗号文はその公開鍵と鍵ペアになっている秘密鍵でしか復号できません。秘密鍵は印鑑やサインのよ

うなもので、その人だけのものです。

◇ RSA暗号

公開鍵暗号方式のアルゴリズムにも様々なものがあります。最も代表的なのが「RSA暗号」です。RSAの名称は、このアルゴリズムを発明した暗号学者ロナルド・リベスト（Ronald Linn Rivest、1947～）、アディ・シャミア（Adi Shamir、1952～）、レオナルド・エーデルマン（Leonard Max Adleman、1945～）の3人の名前の頭文字から命名されました[7]。RSA暗号のアルゴリズムは、素因数分解の困難性を利用して作られています。

素因数分解とは、合成数を素数の積で表すことです（図27）。「素数」とは、1より大きい自然数（1は含まない）で、1とその数自身でしか割り切れない数のこと、「合成数」とは、1より大きい自然数（1は含まない）で、素数以外の数を指します。

図27 素数、合成数、素因数分解

素数
1より大きい自然数（1は含まない）で、1とその数自身でしか割り切れない数
（例）2、3、5、7、11、13、17、19、23、29、31、…

合成数
1より大きい自然数（1は含まない）で、素数以外の数
（例）4、6、8、9、10、12、14、15、16、18、20、21、22、24、25、…

素因数分解
合成数を素数の積で表すこと
合成数 ＝ 素数の積
$$4 = 2 \times 2$$
$$6 = 2 \times 3$$
$$10 = 2 \times 5$$

---

[7] アルファベット順だと「ARS」になりますが、エーデルマンが「自分はそれほど協力したわけではないから」と控えめにいったため、じゃあAは最後にしようとなったそうです。

RSA暗号では、巨大な素数pとqを生成し、「n=p×q」の合成数「n」を公開鍵に利用します。nがわかっても、pとqを簡単に素因数分解する公式は存在しません。例えばnが「35」ならば、「5×7」と素因数分解できることがすぐわかりますが、「91」だとどうでしょう。正解は「7×13」なのですが、すぐにはわかりませんよね。RSA暗号ではpやqに何百桁もの値を使うので、スーパーコンピュータを使っても素因数分解するのに何千年もかかります。そのため、公開鍵から秘密鍵を見つけ出すのは不可能ではないですが、極めて困難なのです。

ただし、昨今はコンピュータの性能が日進月歩で上がっているため、現在ではRSA暗号も「絶対安全」とはいえなくなっています。

RSA暗号が発明された当時の鍵長は512bitだったのですが、2010年以降は、2048bit以上の鍵長を使用することが、業界団体や各国政府により推奨されるようになっています。

余談ですが、RSA暗号を発明した3人は、RSA暗号をビジネスで利用するために、1982年に「RSAセキュリティ」という会社を設立し、1983年にはRSA暗号の特許（US 4405829A）を取得しました。それ以降、RSA暗号のライセンスはRSAセキュリティ社が独占していたのですが、2000年9月の特許期間満了に伴い、今では誰もが自由に使用できるようになっています。

◇公開鍵暗号方式の長所と短所

公開鍵暗号方式の長所は、公開鍵を自由に配布できる点です。つまり、共通鍵暗号方式の短所であった「鍵の配送」問題に悩まされることはありません。

一方短所としては、公開鍵暗号は共通鍵暗号に比べると、暗号化と復号に数百倍から数千倍の時間がかかる点が挙げられます。また、RSA暗号の場合、鍵長を超える長さの平文を暗号化することはできません。鍵長を2048bitとすると、平文の長さは200バイト程度です。そのため、RSA暗号を文書や画像データの暗号化に使用するような使い方はできません。

やってみよう！

〖5-3〗 デジタル証明書を見てみよう

公開鍵が正当なものであるかどうかを確認するデータに、「デジタル証明書」があります。暗号化通信をしているWebサイト（URLが「https」で始まるWebサイト）であれば、デジタル証明書をWebブラウザで確認することも可能です。この場合のデジタル証明書は、「実在する正しい運営者の公開鍵であること」（なりすましサイトではないこと）を証明しています。さっそく確認してください。

Step1 ▷ IEでデジタル証明書を確認しよう

デジタル証明書の確認方法は、Webブラウザによって異なります。ここでは、Internet Explorer (IE)での確認方法を紹介します。また、Webサイトは翔泳社のオンラインショップサイト「SEshop」（https://www.seshop.com/）とすることにします。

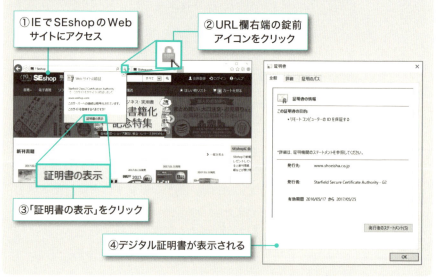

5-3 デジタル証明書を見てみよう

Step2 ▷ Firefoxでデジタル証明書を確認しよう

続いて、Firefoxでもデジタル証明書を確認してみましょう。ここでもStep1と同様、翔泳社のオンラインショップサイト「SEshop」を利用します。

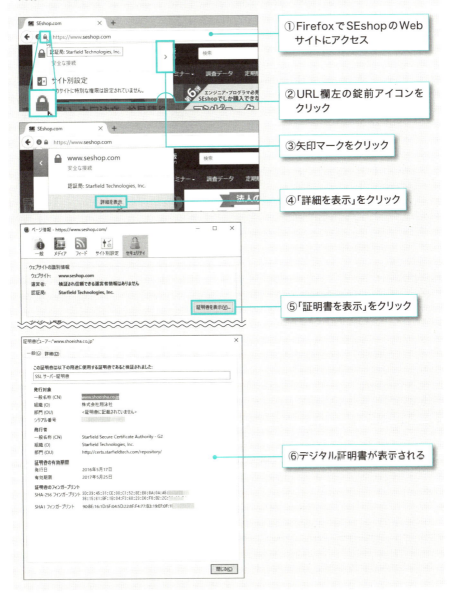

【5-3-1】
暗号化アルゴリズム③
ハイブリッド暗号方式

◇ハイブリッド暗号方式のアルゴリズム

　共通鍵暗号方式と公開暗号方式のアルゴリズムには、それぞれ長所と短所があります。そこで、それぞれの長所を生かし、短所を解決するために生み出されたのがハイブリッド暗号方式です。

　ハイブリッド暗号では図28のように、共通鍵暗号と公開鍵暗号を組み合わせます。具体的なフローを見ていきましょう。

①セッション鍵の作成（送信者）

　まず、「セッション鍵」と呼ばれる共通鍵を作成します。セッション鍵は共通鍵暗号の鍵で、この送受信だけで使う使い捨てのものです。よって、もしこの鍵が盗まれたり解読されたりするようなことがあっても、他の平文の復号には使えません。

②平文をセッション鍵で暗号化（送信者）

　平文を①のセッション鍵で暗号化します。共通鍵方式を用いるので、高速に暗号化することができます。

③セッション鍵の暗号化（送信者）

　セッション鍵を受信者の公開鍵で暗号化します。セッション鍵は共通鍵暗号の鍵なので、AESならば128bit、192bit、256bitです。

④暗号文とセッション鍵を送信（送信者）

　復号に使う暗号化されたセッション鍵を受信者に送ります。この暗号化されたセッション鍵を復号できるのは、受信者の秘密鍵だけです。つまり、

5-3-1　暗号化アルゴリズム③　ハイブリッド暗号方式

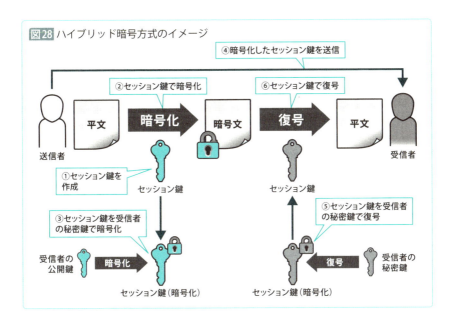

図28 ハイブリッド暗号方式のイメージ

P.257で触れた「鍵の配送」問題は解決していることになります。

⑤セッション鍵を復号（受信者）

暗号化されたセッション鍵を受け取った受信者は、自分の秘密鍵で復号してセッション鍵を取り出します。

⑥暗号文をセッション鍵で復号（受信者）

⑤のセッション鍵で暗号文を復号します。セッション鍵は使い捨てなので、保存する必要はありません。つまり、P.257で触れた「鍵の管理」問題も解決していることになります。

◇デジタル証明書とデジタル署名

このように、ハイブリッド暗号を用いれば、鍵の配送と鍵の管理問題を解決することができます。しかし、まだ1つ問題が残っています。

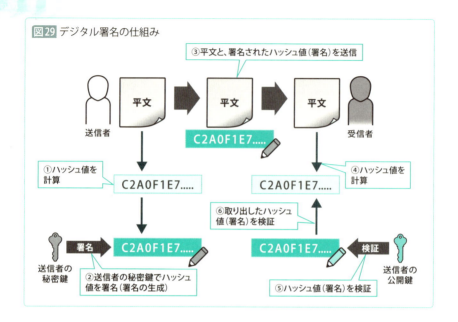

図29 デジタル署名の仕組み

　それは、「公開鍵が本当に受信者のものかどうかがわからない」という問題です。公開鍵が電子メールで送られてきたとしたら、送信者はなりすましのユーザーかもしれませんし、Webサイトで公開されていたとしても、ひょっとしたら偽のWebサイトかもしれません。

　実は、公開鍵が本物であることを証明するための仕組みも準備されています。それが、冒頭の実習でも確認した「デジタル証明書」です（「電子証明書」「公開鍵証明書」とも呼ばれます）。印鑑が本物であることを「印鑑登録証明書」で確認できるように、公開鍵が本物であることは、「デジタル証明書」で確認できます。デジタル証明書が本物であることを証明するのが「デジタル署名」です。デジタル署名には「秘密鍵」が利用されます。

　さっそくデジタル署名の仕組みを解説しておきましょう[*8]（図29）。

①ハッシュ値を計算（送信者）

　平文から、そのデータの「ハッシュ値」(hash value)を計算します。ハッ

[*8] ここではRSA暗号を利用した署名について説明しています。公開鍵暗号方式によって、方法は異なります。

シュ値はP.249の実習に登場しましたね。ハッシュ値はデータの指紋のようなもので、データが1bitでも違えば異なる値になります。なお、ハッシュ値を計算する関数がハッシュ関数 (hash function) です。ハッシュ関数を用いれば、どんなサイズのデータからでも固定長のハッシュ値を計算することが可能です。また、ハッシュ関数の役割は暗号化でも圧縮でもないので、ハッシュ値からデータを復号したり復元したりすることはできません。

②ハッシュ値に署名（送信者）

計算したハッシュ値に、送信者の秘密鍵で署名します。これで署名データが生成されたことになります。

③ 平文と署名されたハッシュ値を送信（送信者）

平文と、②で署名されたハッシュ値を受信者に送信します。平文は暗号化されていないことに気を付けてください。もしこの通信が盗聴され、署名されたハッシュ値が盗まれても心配はありません。ハッシュ値から秘密鍵を取得することはできないからです。

④ハッシュ値を計算（受信者）

受信者は、受け取った平文のハッシュ値を計算します。

⑤ハッシュ値を復号して取り出す

送信者の秘密鍵で署名されたハッシュ値を、送信者の公開鍵で取り出します。これで、ハッシュ値の中身を取り出すことができました。

⑥ハッシュ値を比較して署名を検証する

④で計算したハッシュ値と、⑤で取り出したハッシュ値を比較します。一致すれば、ハッシュ値が送信者によって署名されたことがわかります。なぜなら、送信者の秘密鍵を持っているのは送信者だけだからです。また、ハッシュ値が一致することから、平文が改ざんされていないこともわかります。平文を改ざんするとハッシュ値が異なるからです。

◇認証局

　印鑑証明書は区役所や市役所が発行しますが、デジタル証明書はどこが発行するのでしょうか。区役所や市役所の役割を果たすのが、認証局（Certificate Authority、CA）です。認証局は、認証局の秘密鍵で署名したデジタル証明書を発行してくれます。

　また、デジタル証明書の検証には、認証局のデジタル証明書の公開鍵を使います。ただし、認証局のデジタル証明書の正当性を証明するためには、別の認証局が署名しなければなりません。その署名をした認証局のデジタル証明書の正当性を証明するためには、さらに別の認証局が署名しなければならなくなります。これを繰り返していくと、いつまでたっても終わらなくなり、アルゴリズムの有限性を満たせません。そこで、認証局が最後に自分自身の秘密鍵で署名することで、この連鎖を断ち切ります。自分自身で署名をする認証局を「ルート認証局」といい、ルート認証局が自己署名をしたデジタル証明書を「ルート証明書」といいます。

　図30 は、Amazonサイトのデジタル証明書の階層です。ルート認証局が発行したデジタル証明書を頂点として、その下位に当たる中間認証局のデジタル証明書が階層化されているのがわかります。

　ちなみにWebブラウザは、信頼するルート証明書と中間認証局のデジタル証明書をあらかじめいくつか同梱しています。そこに登録されていない認証局が発行したデジタル証明書は検証できないので、信頼できない証明書であると見なされ、「このWebサイトのセキュリティ証明書には問題があります」というような警告メッセージが表示されることになります。

図30 Amazonサイトのデジタル証明書

第5章のまとめ

- 「圧縮」とはデータの意味を保持したままで、容量を削減する処理のことである
- 圧縮されたデータを元に戻すことを「復元」という
- 復元データを圧縮前の状態に戻すことができる圧縮を「可逆圧縮」という
- 復元しても圧縮前の状態に戻すことはできない圧縮を「非可逆圧縮」という
- ランレングス法は、繰り返しがあるときに、データとその繰り返し回数に符号化することで圧縮するアルゴリズムである
- ボイヤー・ムーア法は、最も高速な文字列検索アルゴリズムである
- ハフマン符号化は、データの使用頻度を調べて圧縮するアルゴリズムである
- JPEG圧縮は非可逆圧縮のアルゴリズムである
- アナログデータを一定の周期で細かく分割し、その時点の大きさを取り出す操作を「標本化」という
- 標本化で取り出した大きさを段階に分割し、数値化することを「量子化」という
- MP3圧縮は非可逆圧縮のアルゴリズムである
- 動画データの圧縮アルゴリズムを「コーデック」という
- 「暗号化」とは平文を暗号文に変換することである
- 「復号」とは暗号文を平文に変換することである
- 「共通鍵暗号方式」は暗号化と復号に同じ共通鍵を使う
- 「公開鍵暗号方式」は暗号化と復号に別々の鍵（公開鍵と秘密鍵）を使う
- 共通鍵暗号方式と公開鍵暗号方式を組み合わせたのがハイブリッド暗号である
- デジタル証明書は公開鍵の正当性をCAが署名して保証したものである
- ハッシュ値はハッシュ関数で計算したデータ固有の値である

練習問題

Q1 文字列"aaaaaabbb"を"a6b3"のように圧縮するアルゴリズムはどれですか?
- A ダイクストラ法
- B ハフマン符号
- C モンテカルロ法
- D ランレングス法

Q2 画像データをコンピュータで取り扱うために、画像を細く四角に分割したものはどれですか?
- A エクセル
- B ゼクセル
- C ピクセル
- D ラッセル

Q3 動画データを圧縮するアルゴリズムのことを何といいますか?
- A カルテック
- B コーデック
- C ヒートテック
- D リボルテック

Q4 送信者が受信者に公開鍵暗号方式で秘密のメッセージを送信したいときに使う鍵はどれですか?
- A 送信者の公開鍵
- B 送信者の秘密鍵
- C 受信者の公開鍵
- D 受信者の秘密鍵

Q1. D Q2. C Q3. B Q4. C

Chapter 06

画像処理のアルゴリズムを
見てみよう

〜アルゴリズムの秘密③〜

コンピュータの性能とアルゴリズムの進化により、昨今は非常に精度の高い画像認識が可能になっています。それに伴い、セキュリティ分野や医療分野など、様々なシーンで画像処理技術が活用されるようになりました。本章では、静止画像や動画を処理する様々なアルゴリズムについて解説していきます。

やってみよう！

【6-1】
画像認識を体験してみよう

写真や動画のデジタル化が進むにつれ、画像認識技術も飛躍的に進歩しています。身近なところでは、スマートフォンなどを利用した「QRコードの読み取り」にも、画像認識技術が使われています。ここでは、改めてQRコードの読み取りを試し、画像認識技術を体感してみてください。

Step1 ▷バーコードリーダーアプリを起動しよう

スマートフォンのバーコードリーダーアプリを起動しましょう。アプリは無料で入手できますので、もし持っていない場合は該当するアプリストアからインストールしてください。ここでは、Android端末「Nexus5」、Androidアプリ「QRコードスキャナー」を例に説明します。

①ホーム画面でQRコードリーダーアプリをタップ

②アプリが起動し、QRコードを読み取れるようになる

6-1 画像認識を体験してみよう

Step2 ▷ QRコードを読み取ってみよう

QRコードに照準を合わせると、そのQRコードに格納された情報を読み取ることができます。翔泳社のオンラインショップサイト「SEshop」と、Wikipediaの「アルゴリズム」のWebページのURLを格納したQRコードを準備しましたので、それぞれ読み取ってみてください。

SEshop

Wikipedia（アルゴリズム）

① SEshopのQRコードを読み取ると、URLが表示される

② 「urlを開く」をタップ

③ SEshopのWebサイトが表示される

④ 同様に、WikipediaのQRコードを読み取ると、URLが表示される

⑤ 「urlを開く」をタップ

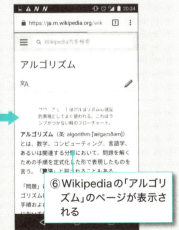

⑥ Wikipediaの「アルゴリズム」のページが表示される

273

【6-1-1】
一気に大衆化した画像処理技術

◇デジタル画像が劣化しない理由

　20～30年ほど前までは、写真はアナログカメラで撮るのが当たり前でした。撮影したフィルムを写真屋に持ち込み、紙焼きの写真として保存するという形です。

　しかし、今ではデジタルカメラ（デジカメ）が普及し、デジタルデータで写真を保存するようになりました。

　デジタル画像であれば、紙焼き写真のように劣化することはありません。なぜ劣化しないかといえば、デジタルデータは「0」と「1」の情報だからです。「0」と「1」は、100年経っても「0」と「1」です。ですから劣化することはないですし、全く同じ複製（コピー）を簡単に作成することができます。

◇ハッシュ値で改ざんを見分けられる？

　ちなみに、デジタルデータが改ざんされたり、コピーミスなどの理由で同一でなかったりする場合、P.266で紹介したハッシュ値を使えば簡単に検出できます。

　図1は、コピーしたデジタル画像を1ピクセルだけ変更したものです。人間の目では違いがわかりませんが、MD5[*1]でハッシュ値を計算すると値が異なっており、同じ画像でないことがわかります。

　このような利便性から、今やデジタル画像は、ビジネスの現場や日常生活において、様々な形で利用されています。

　さらに、ハードウェアの性能向上と画像処理アルゴリズムの進化によっ

[*1]　MD5　ハッシュ値を出力するハッシュ関数の1つです。与えられた入力に対して128bitのハッシュ値を算出します。

6-1-1　一気に大衆化した画像処理技術

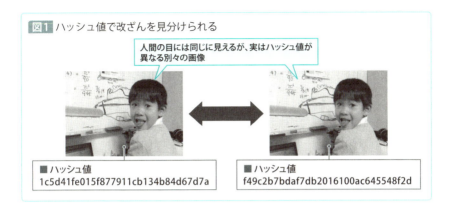

図1 ハッシュ値で改ざんを見分けられる

人間の目には同じに見えるが、実はハッシュ値が異なる別々の画像

■ハッシュ値
1c5d41fe015f877911cb134b84d67d7a

■ハッシュ値
f49c2b7bdaf7db2016100ac645548f2d

て、「画像処理技術」も必要不可欠なものとなりました。冒頭の実習でQRコードの読み取りを行いましたが、これも画像処理技術の1つです。

様々なシーンで使われる「画像処理」

「画像処理」とは、画像を変形したり、色を補正したり、画像から必要な情報を抽出したりなど、画像に関する処理全般を指します（図2）。

私たちは、意識することなく、日常的に様々な画像処理技術を利用しています。では、画像処理技術がどのようなシーンで活用されているかを見ておきましょう。

スマートフォンアプリ

スマートフォンには、撮影した画像を画像処理するアプリが多数公開されています。冒頭の実習で行ったQRコードの読み取りのほか、写真を加工したり補正したりするアプリなどが挙げられます。

セキュリティ

画像処理はセキュリティにも活用されています。施設の入退室管理、ユーザー認証、空港での入出国審査、防犯カメラによる万引き防犯システムなど、セキュリティ分野での応用例は多数あります。

少し話がそれますが、昨今はコンサートのチケット転売を防ぐための措置としても、顔認証システムが使われる例もあるようです。従来はコンサート会場の入り口で、係員にチケットと身分証明書を示してチェックを受けていましたが、事前に顔写真のデジタル画像を登録しておくことで、顔認識システムでチェックを済ませるという仕組みです。

　これならば身分証明書を持参する必要もなく、チェックにかかる時間も短縮できるというわけです。

産業分野

　工業製品の生産ラインでもデジタル画像処理は利用されています。例えば、生産ライン上に流れる製品の1つ1つを撮影した画像を解析して、形状や色などを判断することによって、傷や破損の有無などをチェックするという仕組みです。

企業の経理文書や契約文書

　2005年4月に「e-文書法（正式名称は「民間事業者等が行う書面の保存等における情報通信の技術の利用に関する法律」）」が施行され、領収書や契約書を紙ではなく、デジタルデータとして保存することができるようになりました。紙の書類をデジタルデータ化すれば、従来は大量の書類をファイリングして収めていたキャビネットが不要になり、書類の検索もコンピュータ上で瞬時に行えるようになります。

医療分野

　医療分野では、CT（Computed Tomography）やMRI（Magnetic Resonance Imager）などの画像診断機器が使われています。最近ではカルテを電子化することで、いつでも瞬時に患者のカルテを取り出せるようなシステムが普及しているようです。

ロボット

　軍事ロボット、産業ロボット、ペットロボット、介護用ロボットなど、

人間を手助けしたり、人間の代わりをしたりするロボットが実用化されて、さらに開発が続けられています。自動運転自動車も「ロボットカー」と呼ばれますから、ロボットの一種です。

従来のロボットは、赤外線センサーや近接センサーなどを使って障害物を発見する、つまり「手探り」で動作していました。

しかし昨今は、デジタル画像処理を利用することで、リアルタイムに状況を判断して動作するロボットが作られるようになっています。なお、カメラから入力したデジタル画像を解析したり、認識したりすることで、コンピュータを用いて視覚を実現する研究分野を「コンピュータビジョン（computer vision、CV）」と呼んでいます。

◇画像処理あれこれ

一口に「画像処理」といっても様々な処理がありますので、最後に紹介しておきます（ 図2 ）。なお「変換」「補正」「加工」「解析」を「画像処理」と考え、「理解」「認識」「特徴抽出」は画像認識（image recognition）と区別する場合もあります。ただし、デジタル画像に何らかの処理をするという観点からは、全て「画像処理」と考えても差し支えないでしょう。

図2 様々な画像処理

処理内容	説明（例）
変換	カラー画像をモノクロ画像にする、24bitカラーから16bitカラーにする
補正	コントラスト、明るさ、色を補正する
加工	拡大、縮小、回転、変形、切り抜き、エッジ（輪郭）強調、ぼかし
解析	被写体のサイズや数量の計数、形状を分類する
認識	被写体がどのようなものであるかを分類する
理解	被写体を高度に認識し、人間と同等に説明する
特徴抽出	画像全体や部分の図形特徴量（図形を認識する際の要素）を算出する

【6-1-2】
画像から目的のものを見つける テンプレートマッチング

◇画像マッチング

　デジタル画像から目的のものを見つけるアルゴリズムに、画像マッチングがあります。画像マッチングには、「テンプレートマッチング」と「特徴ベースマッチング」の2種類があります。

テンプレートマッチング

　テンプレートマッチング（「領域ベースマッチング」とも呼ばれます）では、あらかじめテンプレートと呼ばれるパターン画像を辞書画像としていくつか用意しておきます。さらに、画像全体の検索範囲内を、テンプレートを動かしながら比較し、最もマッチした場所を探すという手法です（図3）。

　テンプレートマッチングは、変化が少ない印刷文字の認識に特に向いており、また手書き文字や写真の物体の認識にも使うこともできます。

　ただし、「ピクセル単位での比較」が基本なので、画像の回転・拡大などには弱いという欠点があります。

特徴ベースマッチング

　もう1つのマッチング方法が「特徴ベースマッチング」です。特徴ベースマッチングは、「特徴」を比較し、マッチングする方法です。特徴は他のものと区別するためのもので、単純な場合も複雑な場合もありますし、複数の特徴を用いる場合もあります。

　例えば、丸や台形、三角形など、様々な図の中から「四角形」を探す場合、それぞれの図形の「角の数」を求めれば、角の数が4つの図形にマッチするものが四角形だとわかります（図4）。

このように特徴の量（特徴量）からマッチングするため、特徴ベースマッチングはテンプレートマッチングと比較すると、画像の回転・拡大などの変化に強いという特徴があります。

特徴ベースマッチングは、指紋認証や顔認証などのセキュリティ分野や、工場の生産ラインの製品組み立てや、不良品の検出などでも使われるアルゴリズムです。

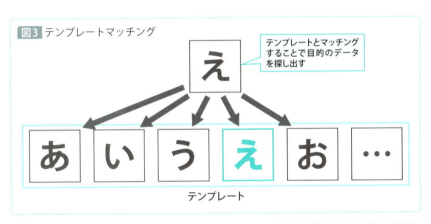

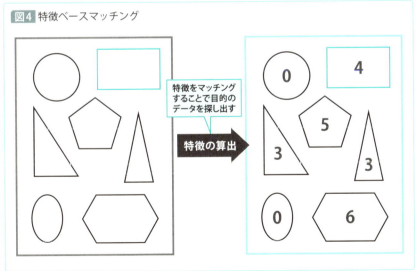

◇手書き文字の認識

　手書き文字の認識は、書く人それぞれの癖があり、テンプレートマッチングで認識するのは難しいため[*2]、特徴ベースマッチングが使われることが多いです。手書き文字の特徴を検出することで、文字ごとの特徴量のデータベースを用意して比較すれば、高精度に認識することが可能になるからです。具体的な手書き文字認識のフローを見てみましょう。

　手書き文字を認識する場合、図5のように画像を「2値化（にちか）」します。2値化とは、文字を白黒の画像に変換することです。2値化したあとは、さらに細線化します。具体的には、文字や図形の構造を保持したまま、線幅が1ピクセルになるように変換します（図5）。続いて、細線化した画像をいくつかの区画に分割します。図5の例では4×4の16個に分割しています。

　次に、分割したマスのそれぞれで、縦の線、横の線、右上がりの線、右下がりの線が、それぞれどの程度の割合で含まれているかを「特徴量」として算出します（図6）。例えば、Bのマスでは縦の線が「10」となっていますね。よく見れば少しだけ右上がりになっている感もありますが、「右上がり」と見なすほどの角度には満たないので、右上がりの項目は「0」と

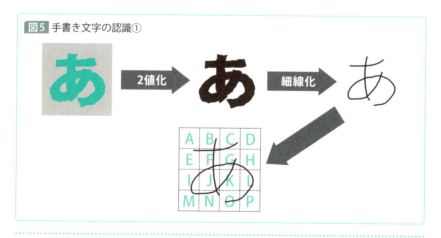

図5　手書き文字の認識①

[*2] 数字やアルファベットであれば文字数もパターンも少ないため、テンプレートマッチングによる認識が不可能なわけではありません。ただし、漢字の場合には画数も多いため、テンプレートマッチングでの認識は難しいようです。

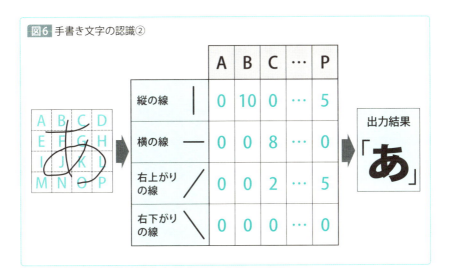

判定しています。このように全てのマスの特徴量を算出できたら、各文字の特徴量を記録したデータベースと比較することで、何の文字かを判定するわけです。

◆画像認識にも使われる「機械学習」

　テンプレートマッチングや特徴ベースマッチングで画像認識を行う場合、あらかじめ人間がアルゴリズムを考えてコンピュータに処理させる方法以外に、「機械学習（machine learning）」を使う方法があります（P.296参照）。

　あらかじめ人間がアルゴリズムを与えるためには、なぜそうなるのかを人間自身が「アルゴリズム」として理解できている必要があります。

　しかし、例えば人間は、友人がたとえ帽子をかぶっていたり、髪型が変わったり、表情が違ったりしても、「同じ人物である」とわかります。ただ、それがどのようなアルゴリズムで「同じ人物である」と判定できたかを明確に定義するのは難しいですよね。「見ればわかる」は、人間には通用しても、コンピュータには通用しません（図7）。

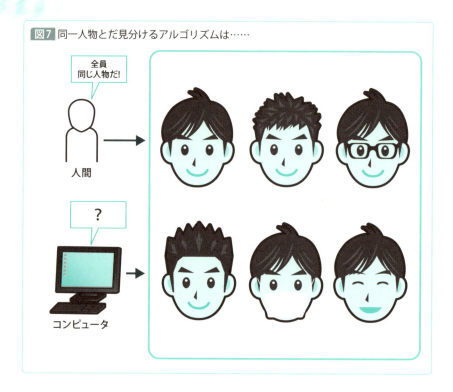

図7 同一人物とだ見分けるアルゴリズムは……

　そのような、アルゴリズムを明確に示せないような場合に役立つのが「機械学習」なのです。
　機械学習は、人間が様々な経験をして知識を得ることで未知の問題を解決できるのと同じように、コンピュータ自身に学ばせる人工知能の一分野です。そして昨今は画像認識のアルゴリズムにも、「教師あり学習（supervised learning）」と呼ばれる機械学習の一手法が用いられています。
　「教師あり学習」とは、正解のある過去の事例（つまり教師からの助言）をたくさん用意しておいて、問題と類似している過去の事例から解決方法を見い出す仕組みです。
　この仕組みを活用し、例えば特徴ベースマッチングの特徴量をコンピュータがどんどん追加していく（学習）していくと、さらに画像認識の精度を高められるわけです。

【6-1-3】
画像から動きの方向を検出するオプティカルフロー

◇「動画像処理」という考え方

　画像処理の対象は静止画だけとは限りません。「動画」も同様に処理できます。動画処理によって、動画の中から移動物体を発見したり、時間的に連続したフレームを解析し、その動きのパターンを求めたりすることが可能になります。このように連続したフレームを解析することを、静止画像処理に対して「動画像処理」といいます。

　動画像処理の基本になるのは、連続するフレーム間の中で動いている部分を推定し、連続するフレーム内の移動物体を追跡して、その動きを把握することです（図8）。

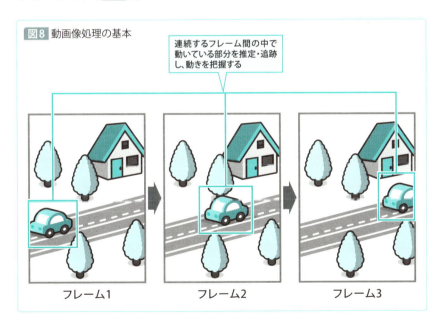

図8 動画像処理の基本

連続するフレーム間の中で動いている部分を推定・追跡し、動きを把握する

フレーム1　　フレーム2　　フレーム3

◇動画像処理の応用例

　最近では駅やコンビニエンスストア、交差点など、様々な個所に監視カメラが設置されていますが、これらは単に映像記録を残すだけでなく、犯罪の防止や発見にも流用されています。

　例えば、複数の監視カメラから不審者を自動検出したり、逃走経路を推定したりすることに用いられているようです。あるいは、河川の氾濫や雪崩、噴火など自然災害の早期検知や、走行中の自動車のナンバープレート読み取り（俗称「Nシステム」）などに用いられています。

　意外なところでは、「天気予報」にも動画像処理の技術が活用されています。天気予報は、人工衛星で雲の動きを解析することで、未来の天気を予測しているわけです。

◇動画像処理のアルゴリズム

　動画像処理では、2つのフレームで画像を比較して、フレーム間の動きを解析しますが、そのアルゴリズムは大きく「トラッキング」と「フロー推定」の2種類に分類されます。

トラッキング

　「トラッキング（tracking）」は、フレームの中の特定の物体（人や物）を追跡するアルゴリズムです。リアルタイムに解析する方法と、記録された動画を解析する方法があります。トラッキングは、主に移動物体の検出や、その動作の解析などに使われています。

フロー推定

　「フロー推定（flow estimation）」は、画像の中で何がどう動いたのかを検知したい場合に使われるアルゴリズムです。

　トラッキングと違い、観測対象が決まっていない場合に使われます。

◇オプティカルフローとは

　動画像処理の具体的なアルゴリズムとして、よく使われるのが「オプティカルフロー (optical flow)」です。

　オプティカルフローは、静止画像や動画像を解析するコンピュータビジョンなどで、物体の動きを認識するために使われます。先の分類でいえば「フロー推定」の一種になります。

　オプティカルフローでは、2つのフレーム間で個々のピクセルがどのように動いたのかを検出し、物体の動きを推定します。またその際、フレーム内の各ピクセルがどのように動いたかを「ベクトル」で表します。ベクトルとは、動きの「向き」と「量」を表す符号です。ベクトルを知ることで、物体の運動の向きと速度の大きさを知ることができます。

　例えば、ピクセルの位置を単に (x,y) のように表現すると、位置はわかりますが、動きがわかりません。そこで、次のフレームではどのように動くのかをベクトルで表現し、そのベクトルを解析するのです（図9）。

　なお、ベクトルを調べる代表的なアルゴリズムが「ブロックマッチング法」です。

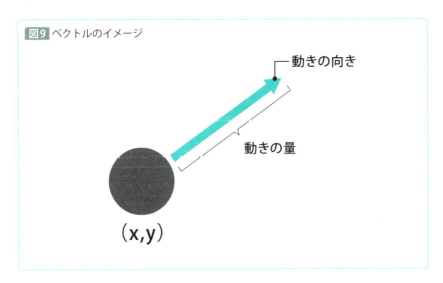

図9 ベクトルのイメージ

例えば、フレーム1と、その次のフレーム2があり、フレーム1のピクセルが移動したとします。ブロックマッチング法では、図10のように「ウィンドウ」という範囲を決め、ウィンドウを動かして両者の相違点（または類似点）を探します。これにより、そのピクセルがどのように動いたかを示すベクトルを求めることができます。

このようにして、フレーム内の全てもしくは一部のピクセルに対してブロックマッチングを行い、ベクトルを求めていけば、最終的には画像全体のベクトルを求めることができます。これがオプティカルフローの考え方です。

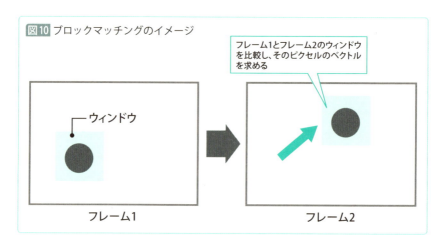

図10 ブロックマッチングのイメージ

◆オプティカルフローで実現できること

解析したオプティカルフローのイメージを示したのが図11です。手に大きな動きがあり、顔や口も若干動いているイメージを確認できます。このように、オプティカルフローを使うことで、物体が移動する方向や速度などの三次元的な運動を認識できるようになります。

これにより、例えば自動運転車であれば、対向車や歩行者などの移動をオプティカルフローで解析することで、衝突しないように制御することができるのです。

6-1-3 画像から動きの方向を検出するオプティカルフロー

図11 オプティカルフローのイメージ

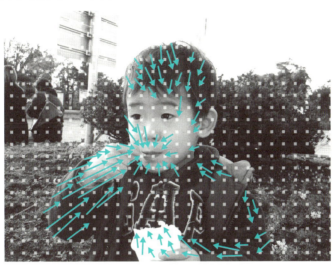

第6章のまとめ

- 「画像処理」とは、画像を処理して変形したり、加工したり、画像から必要な情報を抽出したりするために行われる処理全般のことである
- デジタル画像は、劣化しない、容易に加工やコピーができるなどの特徴がある
- コンピュータを用いて視覚を実現する研究分野を「コンピュータビジョン」という
- 「テンプレートマッチング」は、2つのフレーム間で個々のピクセルがどのように動いたのかを検出し、物体の動きを推定するアルゴリズムである
- 「特徴ベースマッチング」は、画像の特徴をもとに目的の画像を見つけるアルゴリズムである
- 「オプティカルフロー」は、2つのフレーム間で個々のピクセルがどのように動いたのかを検出し、物体の動きを推定するアルゴリズムである

練習問題

デジタル画像の特長ではないのはどれですか?
A 圧縮・解凍することができる
B コピーしたり加工したりするのが容易である
C 「1」と「0」で白黒画像を表すので、カラー画像は扱えない
D 劣化しない

コンピュータで人間の視覚を実現する研究分野はどれですか?
A クラウドコンピューティング
B コンピュータビジョン
C ビジョニング
D プロトビジョン

画像データの中からパターン画像と比較することで目的の画像を見つける手法はどれですか?
A 特徴ベースマッチング
B テンプレートフィーリング
C テンプレートマッチング
D ベストマッチング

2つのフレーム間で、個々のピクセルがどのように動いたのかを検出し、物体の動きを推定するアルゴリズムはどれですか?
A オプティカルフロー
B ドローン
C バーチャルリアリティ
D ピクチャサーチ

Q1. C　Q2. B　Q3. C　Q4. A

Chapter
07

機械学習と
ニューラルネットワーク
～アルゴリズムの新時代～

近年は「人工知能(AI)」が注目を集めつつあります。コンピュータの性能が飛躍的に向上したこともあり、かつては難しいとされてきた様々なアルゴリズムも実現できるようになりました。本章では、ITテクノロジーを大きく変えつつある機械学習や深層学習、ニューラルネットワークといった注目のアルゴリズムについて解説していきましょう。

やってみよう！

【7-1】
手書き文字認識プログラムを体験してみよう

機械学習の「機械」は「コンピュータ」のことです。そして機械学習とは、コンピュータに大量のデータを与えることで学習させ、未知のデータを予測させることを指します。ここでは、実際に機械学習で作られた手書き文字認識プログラムを試してみましょう。このプログラムは、数字の「0」〜「9」の手書きデータを7万件（学習用6万件、テストデータ1万件）を使い、機械学習で学習させて文字認識機能を施したプログラムです。

Step1 ▷ 手書き文字認識プログラムにアクセスしよう

次のURLを入力し、手書き文字認識プログラムにアクセスしてください。文字入力欄が示されたシンプルなWebサイトが表示されます。
[URL] http://nyloncactus.com/mnistjs/mnistjs.html

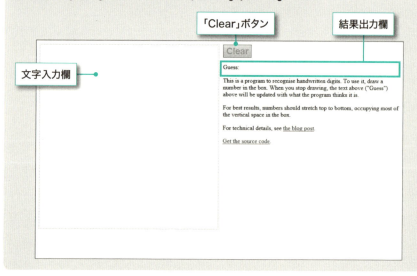

7-1 手書き文字認識プログラムを体験してみよう

Step2 ▷ 手書きした数字が正しく認識されるか試してみよう

左側の空欄に、マウスの左ボタンを押しながら数字を描きます。タッチパネル対応のPCであれば、画面に手書きすることでも描けます。描き終わると結果出力欄に、コンピュータが認識した数字が表示されます。なお入力した文字は、「Clear」ボタンで消去できます。

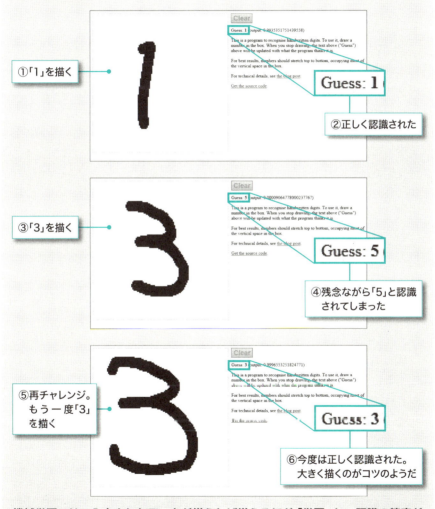

①「1」を描く
②正しく認識された
③「3」を描く
④残念ながら「5」と認識されてしまった
⑤再チャレンジ。もう一度「3」を描く
⑥今度は正しく認識された。大きく描くのがコツのようだ

機械学習では、入力されたデータが増えれば増えるほど「学習」し、認識の精度が高まっていきます。人間と同様に、学習すればするほど頭がよくなるわけです。

〖7-1-1〗
脳細胞の働きにヒントを得たニューラルネットワーク

◆人工知能の歴史

　近年は「人工知能（Artificial Intelligence、AI）」が非常に脚光を浴びています。人工知能という概念自体は特に新しいものではなく1956年にニューハンプシャー州ハノーバーのダートマス大学で開催されたダートマス会議で、初めて「人工知能」という言葉が登場しました。それ以来研究が重ねられており、現在のブームは第3次ブームといわれています。ここで、簡単に人工知能の歴史をおさらいしておきましょう。

第1次人工知能ブーム（1950～60年代）

　上述の通り、1956年に人工知能の研究が始まり、研究者や技術者の注目を集めました。しかし当時の人工知能は、「コンピュータを計算だけでなく、より高度に使おう」という試みで、数学の定理を証明したり、チェスをプレイするプログラムを開発したりすることが主流でした。

第2次人工知能ブーム（1980年代）

　1980年代にかけて、人工知能を駆使した「エキスパートシステム」を作ろうという気運が世界的に高まります。エキスパートシステムとは、各分野の専門家の知識や判断力をエミュレートし、複雑な問題を解決しようというコンピュータシステムのことです。

　その流れに沿うように、1982年、日本でも通算産業省（現「経済産業省」）が、「第五世代コンピュータ」という国家プロジェクトを立ち上げました。第五世代コンピュータは、「人間の脳を超えるコンピュータシステムを開発しよう」という試みで、500億円超の費用を費やすものでした。

　このような潮流もあり、人工知能ブームに再度火が付きます。ただしエ

キスパートシステムが組み込もうとした「専門家の知識や判断力」を定式化することは難しく、また当時のコンピュータの性能では大量のデータ処理ができなかったので、エキスパートシステムも第五世代コンピュータプロジェクトも、期待したほどの成果を出すことはできませんでした。

第3次人工知能ブーム（2013年～）

機械学習・深層学習（ディープラーニング）がブレークスルーとなり、現在は第3次人工知能ブームのまっただ中です。コンピュータの性能向上により、人工知能の知識の源泉となるビッグデータの取り扱いが容易になったことも、ブームに拍車をかけています。このような流れから、人工知能の技術は、今後ますます進化していくものと考えられます。

◇人間の脳とニューラルネットワーク

人工知能を実現するアプローチの1つに「ニューラルネットワーク（Neural Network、NN）」があります。人工知能に対して、人間の脳を「自然脳」といいます。そして自然脳を構成する細胞を「ニューロン（神経細胞）」と呼びますが、ニューラルネットワークは、このニューロンの構造や働きを、コンピュータ上で実現しようという試みです。

人間の脳は、ニューロンの樹状突起（ニューロンの入力端子のようなもの）が他のニューロンからの電気信号を受け取り、さらに別のニューロンとつながりあって、複雑なネットワークである神経回路を作っています（図1）。この人間の脳内の神経回路の構造をコンピュータで再現し、問題解決に役立てようというのがニューラルネットワークの考え方です。

実はニューラルネットワークの考え方自体は、後述する「パーセプトロン」として第1次人工知能ブームのときに登場したのですが、当時のコンピュータの性能では十分な成果を出せなかったので、あまり脚光を浴びませんでした。しかし現在の第3次人工知能ブームでは、花形の技術といわれています。「人間の脳」のように問題をシミュレーションできるプログラムを作成できれば、非常に高度な処理を行えそうですよね。

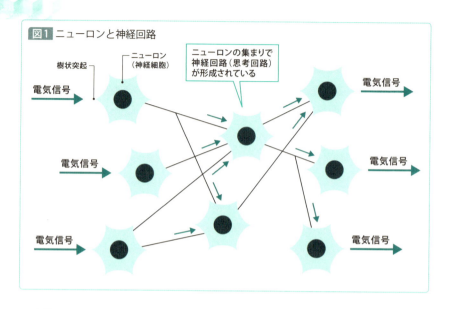

図1 ニューロンと神経回路

　実際、ニューラルネットワークを使って画像認識や音声認識を行ったり、天気や株価などを予測したり、将棋や囲碁の最適手を思考させたりするような試みが、継続的に行われています。

◆ニューラルネットワークの構造

　最も単純なニューラルネットワークは、図2のような「入力層」「出力層」の2層構造になります。

　それぞれの層には、ユニット（モデル化したニューロン）が複数個存在します。入力層のユニットは、入力された情報に対して処理を行って結果を出力層に渡します。出力層は入力層から受け取った結果をもとに判断し、結果を出力します（自然脳に比較して、入力層を「感覚層」、出力層を「反応層」と呼ぶこともあります）。

　なお、自然脳のニューロンは、コンピュータのように、入力に対して即座に結果を出力できるわけではありません。複雑な計算をしたり、物を識別したり、思考したりすることで、最終的な結果を出力しています。

7-1-1 脳細胞の働きにヒントを得たニューラルネットワーク

　そこでニューラルネットワークでも、そのような複雑な処理をするために、図3のように入力層と出力層の間に「中間層」を置きます（中間層は「隠れ層」とも呼ばれます）。中間層が増えることで、問題解決の時間が短縮されたり、より精度の高い結果を求めたりすることが可能になります。

　さらに複雑な問題を解決したい場合には、ユニットや層の数を増やすことで対処することになります。

　ただし、ユニットや層の数を増やしすぎると計算が複雑になり、現実的な時間内に計算が終わらない、つまり適切なアルゴリズムを作成できないことになりますから、その点には注意が必要です。

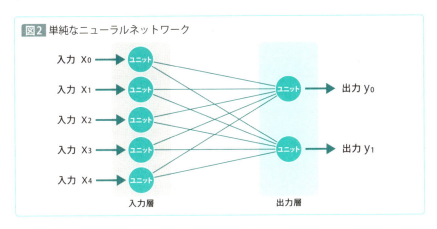

図2 単純なニューラルネットワーク

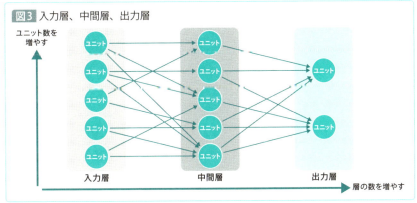

図3 入力層、中間層、出力層

295

学ぼう！

〔7-1-2〕
ニューラルネットワークの歴史と深層学習、機械学習

◇ニューラルネットワークの歴史

　前節で紹介したニューラルネットワークは、アルゴリズムの限界が判明して下火になったり、ブレークスルーが現れて現状を打破したり、という過程を繰り返し、現在のブームへとつながっています。

　ニューラルネットワークの源流をさかのぼると、1957年に米国の心理学者フランク・ローゼンブラッド（Frank Rosenblatt、1928 ～ 1971）が考案した「パーセプトロン（perceptron）」にたどり着きます。

　パーセプトロンの原型は 図4 のようなもので（これを「単純パーセプトロン」といいます）、入力層と出力層のみからなるシンプルな構成です。また入力ユニットは複数ありますが、出力ユニットは1つしかありません。しかしパーセプトロンは、人間の脳の仕組みをモデル化したものであり、人工知能開発の基礎技術として1960年代にブームになりました。

　ただし、単純パーセプトロンは、線形分離可能な問題しか解決できないなどの課題が見つかり（これを「XOR問題」といいます）、やがて下火になります。しかし1980年代に入ると、前節で触れたような入力層、中間層、出力層のように多層化してこれらの課題を解決する考え方が提唱され、改めて「ニューラルネットワーク」として注目を集めるようになりました。

　ただ、実際にニューラルネットワークで複雑な問題を解決するためには、100万、1000万単位の多数のパラメータ[*1]が必要です。当時はこれらの演算に耐えうるコンピュータの処理性能を得られなかったこと、またニューラルネットワークで利用できる大量のデータを用意することができなかったこともあり、またもやニューラルネットワークは下火になってしまいました。

[*1]　**パラメータ**「媒介変数」のことです。イメージ的には、ニューラルネットワークにおいて各ユニット（ニューロン）をつなぐ「線」のことだと考えてください。

296

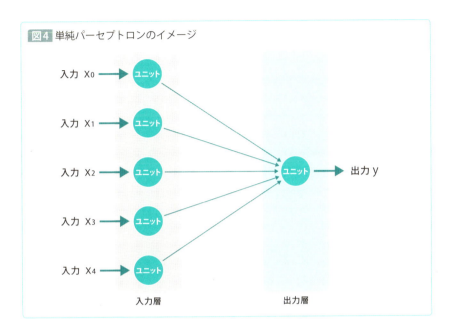

図4 単純パーセプトロンのイメージ

◇「深層学習」の登場

　2000年代後半に入るとコンピュータの性能が上がり、何層にもわたる多層なニューラルネットワークを処理できるようになりました。

　また、「ビッグデータ」という言葉が示す通り、大容量のデータも用意できるようになったことにより、ニューラルネットワークは人工知能の花形として注目を集めるようになります。

　なお、中間層に多数の層を持つニューラルネットワークを「ディープニューラルネットワーク」と呼びます。また、ディープニューラルネットワークで機械学習を行わせるのが「ディープラーニング」です。日本語でいえば「深層学習」ですね。

　深層学習は、「多数のユニットを組み合わせれば、コンピュータがより深く考えることができるのではないか」というアイデアから生み出された考え方です。そして実際に中間層を何層も重ねた深い構造にすることが、ニューラルネットワークの精度向上の「鍵」となることがわかっています。

「機械学習」の定義

さて、ここまでの解説で登場した「ニューラルネットワーク」や「深層学習」は、全て「機械学習」の一種です。

「機械学習」についてはP.23やP.281でも触れましたが、今の人工知能研究の主流となっている技術なので、ここで改めて解説しておきましょう。

機械学習は、コンピュータに大量のデータを与えて学習させ、そのデータをもとにして、コンピュータに未知のデータを予測させることです。

学習させるデータは音声や画像など様々ですが、コンピュータはそれら大量のデータを繰り返し学習し、データの中にあるパターンや経験則を認識します。

それに基づいて、未知の問題に対しても、コンピュータは自身が学習したパターンや経験則から自律的に解答を導き出すのです。

スタンフォード大学のアンドリュー・ング（Andrew Ng、1976～）は、「機械学習は、明示的にプログラムされていなくても、コンピュータを動作させる技術である」といっています。

つまり、プログラマがプログラムした以上のことを、コンピュータに実行させる技術が「機械学習」だということです。

「機械学習」の仕組み

人間は動物の画像を見て、「これはライオンである」「これはゾウである」と瞬時に識別できます。また、声を聴いて「あ」といわれたか、「い」といわれたかも、すぐにわかります。

ライオンやゾウには様々な種類がありますし、「あ」や「い」の発声も人によって微妙に異なるはずですが、人間には関係ありません。

それは、人間の脳がライオンやゾウの見た目、「あ」や「い」の発音のそれぞれの特徴を認識しており、脳内でそれらの特徴と照らし合わせて判断しているからです。

そう考えると、画像や音声の特徴をあらかじめ「データベース」として

コンピュータに登録し、パターンマッチングをさせれば、コンピュータも人間と同じように判断することができそうに思えます。実際、パターンマッチングは画像認識や音声認識の技術として利用されています。

ただし、パターンマッチングによる認識には限界があります。

まず、パターンマッチングでは、登録してある画像や音声に似たものがある場合は判断できますが、登録されていない場合には判断できません。さらに登録作業も、例えば動物を認識させたいならば、様々な動物を登録する必要があり、登録量も膨大なものになってしまいます。

そこで役に立つのが機械学習です。

機械学習を用いれば、コンピュータ自身が特徴を見つけて登録（学習）させることが可能です。

◇機械学習の種類

機械学習には、前述したように「教師あり学習」と「教師なし学習」という2種類があります[2]。

それぞれの違いを紹介しておきましょう。

教師あり学習

「教師あり学習（supervised learning）」は、正解のあるデータを多数コンピュータに与えて学習させる方法です。正解のことを「ラベル付きデータ」といいます。図5のようにたくさんのラベル付きデータを訓練データとして入力することで、正解である「ライオン」に関する特徴量がどんどん蓄積されます。

与える訓練データが100個や1000個程度ではあまり精度は上がりませんが、100万個、1000万個と多数のデータを入力していくと、どんどん精度が上がっていきます。

このように、「教師あり学習」は、ラベル付きデータを多数入力して訓練することで、コンピュータに学習させるアルゴリズムだといえます。

---

[2] この2つを組み合わせて学習させる「半教師あり学習（semi-supervised learning）」という手法もあります。

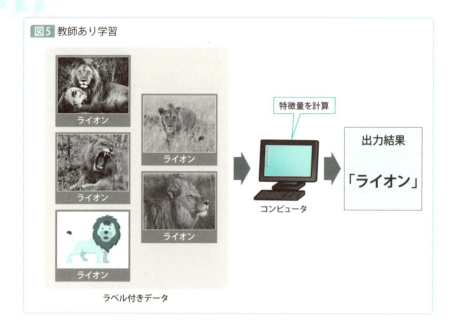

教師なし学習

　一方「教師なし学習 (unsupervised learning)」は、データが入力されるのみで、「正解」は与えられない手法です。

　推論や分析などのように、「正解がない問題」を解決したいときは、この「教師なし学習」を使います。

　有名な「教師なし学習」の例に、「Googleの猫」があります。Googleのオフィシャルブログに詳細が書かれているのですが[*3]、YouTubeにアップロードされている動画からランダムに取り出した200×200ピクセルのカラー画像1000万枚を入力データとして「教師なし学習」をしたところ、図6のような画像を「猫」と認識するニューロンが形成されたそうです。

　図6の写真を見て、コンピュータ自身が「これは猫である」と理解できたわけですから、本当にすごいことですね。これは、機械学習の驚くべき効果を如実に表す例だといえるでしょう。

[*3] https://googleblog.blogspot.jp/2012/06/using-large-scale-brain-simulations-for.html

図6 Googleの猫

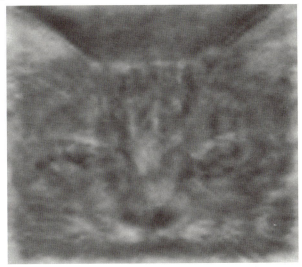

出典：Google「Using large-scale brain simulations for machine learning and A.I.」

第7章のまとめ

- 「人工知能」とは、人間や動物の持つ知能をコンピュータ上で実現しようとする試みである
- 脳内のネットワークは、多数のニューロン（神経細胞）によって構成される
- ニューラルネットワークは、人間の脳のニューロンを模倣したものである
- ニューラルネットワークは「入力層」「中間層」「出力層」から構成される
- ニューラルネットワークの源流は「パーセプトロン」にある
- 中間層を多層にしたニューラルネットワークで深く学習することを「ディープラーニング（深層学習）」という
- 人工知能が学習することを「機械学習」という
- 機械学習には「教師あり学習」と「教師なし学習」の2種類がある

練習問題

Q1 人間や動物の持つ知能をコンピュータ上で実現しようとする試みはどれですか?
- A コンピュータブレイン
- B 人工頭脳
- C 人工知能
- D 仮想現実

Q2 人間の脳を模倣したネットワークはどれですか?
- A インターネットワーク
- B ソーシャルネットワーク
- C ニューラルネットワーク
- D ローカルエリアネットワーク

Q3 人工知能が学習することを何といいますか?
- A 機械学習
- B 機械訓練
- C 機械自習
- D 機械鍛錬

Q4 コンピュータに正解のないデータだけを与えて学習させる方法はどれですか?
- A 教師あり学習
- B 教師なし学習
- C 自学自習
- D 独習

解答　Q1. C　Q2. C　Q3. A　Q4. B

Appendix

その他の様々なアルゴリズム
～補講～

ここまで、私たちの身近で活躍する様々なアルゴリズムを紹介してきました。しかし、本書で紹介したもの以外にも、世の中にはたくさんのアルゴリズムが存在します。ここでは「補講」として、これまでの解説で紹介しきれなかったアルゴリズムを紹介していきます。

学ぼう！

バックトラック法

◇ バックトラック法とは

　P.201で、想定される全てのパターンを探索する「力まかせのアルゴリズム」を紹介しました。力まかせのアルゴリズムは、パターンの組み合わせ数が少ない場合には実用的ですが、組み合わせ数が多い場合には、非常に非効率的になってしまいます。

　そのようなときに有用なアルゴリズムが「バックトラック法 (backtracking、後戻り法)」です。バックトラック法は、「とりあえずできるところまで進めて、ダメになった時点で1つ戻ることを繰り返す」というアルゴリズムです。

◇ 「Nクイーン問題」を考える

　バックトラック法の例題としてよく用いられるのが、「Nクイーン問題 (N Queens Problem)」です。チェスの「クイーン」の動きをご覧ください (図1)。クイーンは盤上の縦横斜めに自由に動くことができる駒ですが (将棋の「飛車」と「角」の両方の動きをできる、と考えるとわかりやすいでしょう)、Nクイーン問題では「他の駒に取られないようにするには、どのようにN個のクイーンを配置すればよいのか」を考えます。チェスは8マス×8マスの盤なので、よく使われるのはNを「8」とする「8クイーン問題」です[*1]。

　8クイーン問題は、チェスの盤上に、他の駒に取られないように8個のクイーンを配置していきます。8クイーン問題の解答は12通り (反転や回転も含めると92通り) あります。図2は解答の一例です。図2の配置であれば、どのクイーンも他の駒に取られることはありません。

[*1]　Nには1以上の整数が入り、例えばNを「4」とするならば、4×4の16マスと4つのクイーンで考えます。なお、「N=2」と「N=3」には解答がありません。また、現在解決されている最大のNは「26」です。

Appendix

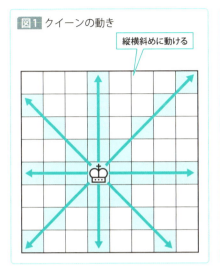

図1 クイーンの動き
縦横斜めに動ける

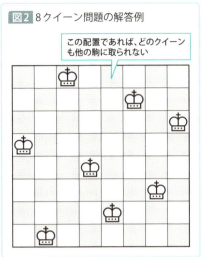

図2 8クイーン問題の解答例
この配置であれば、どのクイーンも他の駒に取られない

◇力まかせのアルゴリズムで考えると……

　この問題の解答を、力まかせのアルゴリズムで考えるとどうなるでしょうか。チェスのマス目は8×8の64マスですから、最初に置くことが可能な場所は64か所です。その次に置くことができる場所は、63か所、その次は62か所となりますが、パターンは「64×63×62×61×60×59×58×57」で、178兆4629億8763万7760通りもあります。これだと、1秒間に1万通り検証したとしても、約20万6,500日かかってしまう計算です。

◇クイーンの性質から「省略」を考える

　ただし、マス目の横の並びを「列」、縦の並びを「行」と考えると、1つの行に2つのクイーンを置く必要はないので、省略することができます。各行に1個のクイーンを置くと考えると、パターンは8の8乗で1677万7216通りに減ります。同様に、同じ列にも2つのクイーンを置けないので、省略すると「8×7×6×5×4×3×2×1」となり、4万320通りにまでパターンを減らすことができます。

305

では、これを踏まえ、バックトラック法で8クイーン問題を考えるアプローチを見ていきましょう。

◇バックトラック法による問題解決

　バックトラック法では、n列のマスにクイーンを置くときに、n-1列までに配置したクイーンの効きをチェックし、置けない場合には後戻りしてn-1行に置いたクイーンを他のマスに置き直すという作業を繰り返します（後戻りすることから「バックトラック」と呼ばれます）。

　まず、1列目の1行目にクイーンを配置します（図3の①）。色が付いたマスが、置かれたクイーンが効く（動ける）範囲です。

　次に、2列目のマスのうち、1列目のクイーンが動けないマスにクイーンを置きます（図3の②）。同様に3列目のマスに、1列目と2列目のクイーンが動けないマスにクイーンを置きます（図3の③）。

　その後も同様に、4列目のマスには1〜3列目のクイーンが動けないマスに、5列目のマスには1〜4列目のクイーンが動けないマスにクイーンを置いていきます（図3の④と⑤）。

　しかし図3の⑤まで進めた時点で、6列目に置くマスがなくなってしまいます。これだと問題を解決できないので、1つ前、つまり図3の④に戻り、他のマスに置き直します（図3の⑥）しかし、この場合も同様に、6列に置けるマスがありません。そこでさらに1つ戻りますが、5列目にはもう置けるマスがないので、4列目、つまり図3の③の状態に戻り、空いているマスに置き直すことになります（図3の⑦）。

　この作業を繰り返していき、8列目のマスにクイーンが置けたら、正解の配置が見つかったことになります（なお、正解は1つだけではないので、全ての正解を探索したいならば、終了せずに継続して調べます）。

　いかがでしょうか。「とりあえずできるところまで進めて、ダメになった時点で1つ戻ることを繰り返す」というバックトラック法のアルゴリズムに従えば、力まかせのアルゴリズムより効率的に、短時間に正解を見つけられることがイメージできると思います。

306

Appendix

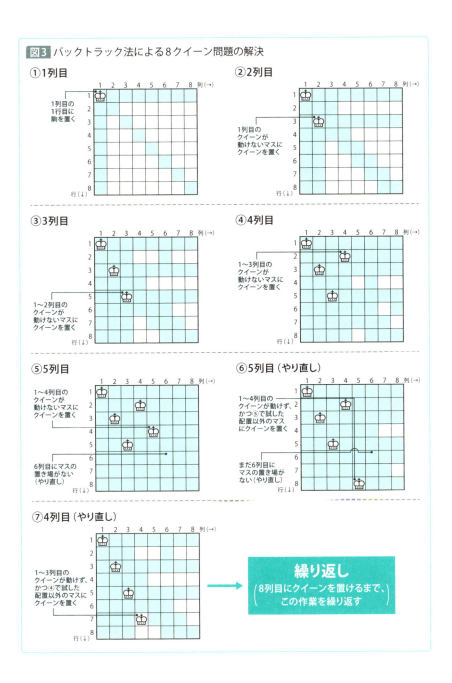

図3 バックトラック法による8クイーン問題の解決

307

学ぼう！

ファジィ理論

◇ファジィ理論とは

　人間は、感覚的に物事をとらえるので、「この商品は『ちょっと』高い」とか、「この部屋は『なんとなく』暑い」という曖昧な表現をすることが珍しくありません。人間同士ならそのような表現でも意思疎通ができますが、コンピュータ相手ではそうもいきません。コンピュータが取り扱えるデータは明確な「数値」に限られるからです。感覚的なニュアンスの読み取りは、コンピュータが最も苦手とするところです。

　例えばコンピュータに「高い場合は値段を下げる」「暑い場合は温度を下げる」というプログラムを実行させたい場合、「『高い』とは具体的に10万2687円以上である」とか、「『暑い』とは温度が27.4度以上である」というように、明確に数値化して定義しなければなりません。

　ただし、実際には、何もかもを明確に数値化することは難しいこともあるでしょう。ファジィ理論 (fuzzy theory) は、このような曖昧な部分をコンピュータで取り扱うためのアルゴリズムです。なお、「ファジィ」は、「曖昧な」「はっきりしない」という意味の英単語です。

◇「曖昧さ」を取り扱うアルゴリズム

　例えば、ある図形が円であるか、そうでないかを判定するアルゴリズムを考えてみましょう。

　通常であれば、「円とは $x^2 + y^2 = r^2$ で表現される図形である」というように定義する必要があり、その定義と少しでも異なる場合には、「円」と判断されません。

　一方ファジィ理論では、曖昧さを取り扱うために、「メンバシップ関数」という関数を用います。

308

Appendix

　メンバシップ関数は、入力されたデータがどれぐらい適合するのかを「1.0～0.0」の適合度（確からしさ）として出力します（図4）。よって、明確に円であれば1.0を出力しますし、そうでない場合でも、出力結果から「どれぐらい円に近いのか」の度合いを判断することができます（円に近いほど1.0に近い値を出力します）。このファジィ理論は実際に活用されているアルゴリズムで、図5のようなシチュエーションで用いられています。

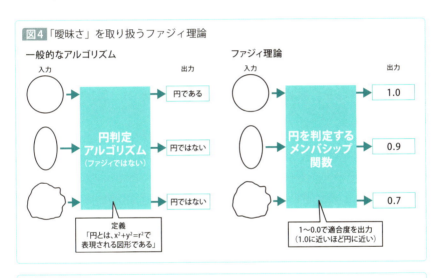

図4 「曖昧さ」を取り扱うファジィ理論

図5 ファジィ理論の利用例

利用例	説明
エレベータ	運行管理にファジィ理論を使った予測をすることで、待ち時間や消費電力を減らす
地下鉄	仙台市の地下鉄南北線にファジィ自動運転システムを導入することで、運転がスムーズになり、消費電力も節電された
家電製品（洗濯機）	素材の種類、汚れ具合などによって、最適な洗濯時間や水量を決定する
家電製品（エアコン）	室外の温度や湿度などに合わせて、人が心地よいと思う温度になるように調節する
ゲームのキャラクタ	ゲームのキャラクタが、人間に近い動作や予期できない行動をすることで、パターン化されずに面白みが増す

学ぼう！

遺伝的アルゴリズム

◇遺伝的アルゴリズムとは

　英国の生物学者リチャード・ドーキンス（Clinton Richard Dawkins、1941 〜）は、自身の著書「利己的な遺伝子（原題：The Selfish Gene）」の中で、「生物は遺伝子の乗り物である」と述べました。生物が子孫を残すということは、遺伝子が「自分のコピーを作り出すこと」です。そして遺伝子がコピーを作るときに、両親の遺伝子の形質が現れやすいほうを受け継いだり（優性の法則）、複製のミスが起きたり（突然変異）を繰り返しながら、進化を遂げてきました。

　「遺伝的アルゴリズム（Genetic Algorithms、GA）」は、この遺伝子による生物の進化の仕組みを模倣した探索手法で、1975年にミシガン大学のジョン.H.ホランド教授（John Henry Holland、1929 〜 2015）によって提唱されました。遺伝的アルゴリズムの基本的な用語には 図6 のようなものがあります。

図6 遺伝的アルゴリズムの主な用語

用語	概要
遺伝子	個体の性質を表すための基本である構成要素。生物のDNAは、「アデニン（A）、チミン（T）、グアニン（G）、シトシン（C）」つまりATGCの組み合わせだが、遺伝的アルゴリズムはビット列や文字の組み合わせで考える
染色体	複数の遺伝子が集まったもの
個体	1つ以上の染色体によって構成される解答候補。よい染色体を持つのが「よい個体」、悪い染色体を持つのが「悪い個体」となる
集団	複数の個体が集まったもの
適応度	どれぐらい解答に近いかを表す指標。適応度が悪い個体は、次の世代で淘汰される
選択	複数の個体から適応度の高い個体を選び出すこと
交叉	個体間で遺伝子を組み換えること。2つの個体（親）の染色体を組み換えて新しい個体（子）の染色体を作る。また、子は親の染色体の一部を受け継ぐ
突然変異	適応度に関係なく遺伝子を組み換えること。具体的には、遺伝子を一定の確率で変化させる

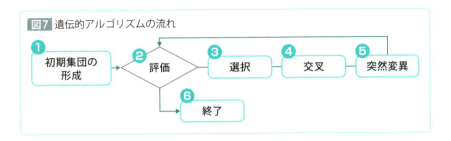

図7 遺伝的アルゴリズムの流れ

遺伝的アルゴリズムでは、問題に対する解答の候補を個体としていくつか用意し、適応度の高い個体を優先的に交叉させたり、突然変異させることを繰り返して、最適な解答を探索していきます。遺伝的アルゴリズムの流れは 図7 のようになります。

◇巡回セールスマン問題を解決する

では、本書で何度か登場した「巡回セールスマン問題」を例に、遺伝的アルゴリズムのよる探索のイメージを見ていきましょう。ここでは、A〜Eの5つの都市を効率よく回るルートを考えるものとします。また、「A→B→E→D→C」が「最適な経路」だと仮定してください。

① 初期集団の生成

まず、初期集団として個体をいくつか用意します。今回は「経路」ということになりますが、経路のように人間にもわかりやすくデータを表現する形態を「表現型」といいます。 図8 は、「G1-1〜G3-3」の3つの経路を初期集団として準備し、表現型で示した例です。

図8 初期集団の生成（表現型）

[個体の表現型]
G1-1：A→B→C→D→E
G1-2：A→B→E→C→D
G1-3：A→E→B→D→C

次に、遺伝的アルゴリズムに当てはめるために、それぞれの経路情報を遺伝子化します。遺伝子化とは、アルゴリズムに当てはめられるよう、数値化して表現することです。この表現形態を「遺伝子型」といいます。例

えば、5つの都市A〜Eに0〜4の数字を当てはめ、1つ都市を取り出して残った都市に順番を振り直すという作業を繰り返すと、G1-3は「03010」と表現できます（図9）。これと同じようにG1-1とG1-2も遺伝子型で表現すると、図10のようになります。

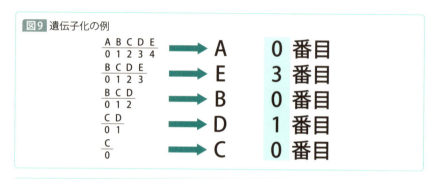

図9 遺伝子化の例

図10 初期集団の生成（遺伝子化）

［個体の遺伝子型］
G1-1：00000
G1-2：00200
G1-3：03010

② 評価

次に、初期集団の個体を「評価」します。巡回セールスマン問題では、「巡回した総距離が短い経路」が適応度が高い、つまり「よい個体」ということになります。仮に経路の総距離がG1-1が「530キロ」、G1-2が「500キロ」、G1-3が「480キロ」だとすると、経路が短いG1-3が、最も適応度が高い「よい個体」ということです。

③ 選択

「選択」とは、どの個体を親とするのかを決定することです。今回の例ではG1-3が最も優秀な個体なので、優先的に親として選ばれます。また、個体の選び方には図11のようにいくつかの方法があります。

Appendix

図11 個体の選び方

個体選択の方法	概要
トーナメント方式	集合全体から一部の個体を抜き出して、その個体の中から適応度の高い個体を選ぶ方法
ランキング方式	適応度をもとにして、個体に一定の割合で確率を割り当てる方法
ルーレット方式	適応度に応じた確率で個体を選ぶ方式

④ 交叉

　選択で決定した親から次の世代の子を作ることが「交叉（こうさ）」です。交叉によって、親ペアの遺伝子を入れ替えます。

　交叉の方法にも「一点交叉（適当に1か所を決め、それ以降の遺伝子を入れ替える方法）」「二点交叉（適当に2か所を決め、その間の遺伝子を入れ替える方法）」「一様交叉（1番目と3番目のように、入れ替えるパターンを決めて入れ替える方法）」のように、様々な方法があります。ここでは、最も経路が短かった「G1-3」と、次に経路が短かった「G1-2」を親ペアとし、一点交叉と一様交叉を行って次世代の個体として残すと仮定します。すると、**図12**に示すような「子の個体」を生成できることになります。

図12 交叉後に生成された第二世代の個体例

```
［第二世代の個体］
G2-1：03000 ———————— （G1-2とG1-3から3番目の数値を一点交叉したうちの1つ）
G2-2：03000 ———————— （G1-2とG1-3の1、2、4番目を一様交叉で入れ替えたうちの1つ）
G2-3：00210 ———————— （G1-2とG1-3の1、2、4番目を一様交叉で入れ替えたうちの1つ）
```

⑤ 突然変異

　生物の遺伝には「突然変異」があり、子の個体は親の個体から受け継ぐ遺伝子以外の特徴を持ちます。遺伝的アルゴリズムでも同様に、遺伝子に突然変異を起こします。**図13**は、G2-2の4番目の遺伝子を1つだけ変異させた例です。

突然変異を起こしたら、この第二世代の個体を評価します。図13を遺伝子型ではなく表現型で表現すると、図14のようになります。

図14を見ると、G2-3が、答えである経路「A→B→E→D→C」となっています。これは、冒頭で紹介した「最適な経路」です。最適な経路が得られたので、これで探索は終了です。

図13 突然変異

```
[突然変異の結果]
G2-1：03000
G2-2：03010
G2-3：00210
```

図14 第二世代の個体の表現型

```
[第二世代個体の表現型]
G2-1：A→E→B→D→C
G2-2：A→E→B→E→D
G2-3：A→B→E→D→C
```

遺伝的アルゴリズムでは、このように「遺伝子による進化の仕組み」に沿ったフローで最適解を見つけていきます。「生物の進化」は「ITの世界」とはかけ離れたもののように見えますが、思わぬ形でコンピュータによる問題解決に役立てられているのです。

CoffeeBreak　人工生命

「人工生命（Artificial Life、Alife）」は、米国の計算機科学者クリストファー・ラングトン（Christopher Langton、1949〜）によって生み出された用語です。ラングトンは人工生命について、「私たちの知っている生命（Life as we know it）だけを対象とするのではなく、存在可能な生命（Life as it could be）全てを対象とする」といっています。生物学は実在の生物に対する学問であるのに対し、人工生命は、生命の普遍的な特質や現象を、コンピュータを使って解明しようという研究分野です。コンピュータ上で動作するソフトウェア、生物の細胞に類似した機構を採用したハードウェアなども、人工生命であると考えられています。研究が進み、人間のような思考が可能な人工生命が生み出されたら、ITテクノロジーも全く新しい一歩を踏み出すことになるかもしれません。

INDEX

A
ABC	20,148
AES	256
A-GPS	127
AI	23,292
ALU	158
AND演算	159
ARPA	213
ASCII	199
ASCIIZ文字列	200
AVI	242
AVL木	70

B
bit数	235
bps	239
B木	73
Bフレーム	245

C
CELP	240
CERN	214
CMYK	113

D
DeepFace	115
DES	153,255
DNAコンピュータ	161

E
EB	61
EBCIDIC	199
element	174
ENIAC	20,149

F
false	158
FDIV問題	190
FIFO	141
FLOPS	149
FLV	242

G
GB	61
GFLOPS	150
GNSS	126
Googleの猫	300
Googleマップ	77
GOP	245
GPS	123,126
Graphillion	94

H
Hz	105,235

I
IANA	127
IERS基準子午線	118
IMP	213
IPアドレス	127
ISP	128
Iフレーム	245

J
JGD2011	122
JPEG圧縮	232

K
kB	61
KMP法	206

L
length	201
LIFO	141
log	165

M
MACアドレス	128
MapReduce	59
Mapフェイズ	60
MB	61
MFLOPS	150
MIPS	153
MKV	242
MOV	242
MP3	237
MP4	242
MPEG	243
MPEG-2 PS	242
MPEG-2 TS	242

N
NBS	153,255
NIH症候群	145
NIST	153
NOT演算	159
Nクイーン問題	304
N分木	68

O
OCR	111
OR演算	159
O記法	46,162

P
Pascal文字列	200
PB	61
PFLOPS	150
Pフレーム	245

Q
QRコード	113,272

R
RAM	160

315

Reduce フェイズ	60
RGB	109,113,231
Rijndael	256
ROM	160
RSA暗号	260

S
SEO	55
SHIFT-JIS	199
Simpath	94

T
TB	61
TOP500	150
true	158
TSP	24

U
Unicode	199

W
WGS84	122
while	175
WWW	213

X
XOR演算	159
XOR問題	296

Y
YB	61
YBC7289	19

Z
ZB	61
Zcash	24
Zuse Z3	148

あ
アセンブリ言語	142
圧縮	224
暗号アルゴリズム	252
暗号化	250,252
暗号解読	253
暗号鍵	253
暗号強度	253
暗号文	252
アンティキティラ島の機械	146
緯線	118
位置情報	118
一様交叉	313
一点交叉	313
遺伝子	310
遺伝子型	311
遺伝的アルゴリズム	24,310
緯度	118

インターネット	213
インタプリタ型	144
インデクサー	216
インデックス	63,216
打ち切り誤差	187
映像コーデック	242
エクサバイト	61
エスケープ文字	200
エッジ	67,81
エンコード	242
演算装置	158
円周率	180
オーダー記法	46
音	101
オブジェクト指向	201
オプティカルフロー	285
音圧	238
音韻	240
音響分析	102,104
音声圧縮	235
音声コーデック	242
音声認識	100
音素	102
音波	101

か
カール・フリードリヒ・ガウス	156,183
階差機関	20,21
階乗	165
解析機関	21
回転操作	72
解凍	222,224
ガウス＝ルジャンドルのアルゴリズム	181,183
カウンタ変数	176
換字式暗号	251
返値	177
顔認証	111,114
鍵	253
鍵長	253
鍵の管理	257
鍵の配送	257
鍵ペア	258
可逆圧縮	224
仮数部	188
画像圧縮	230
画像処理	275
画像認識	109
画素間相関	244
可聴域	238

可変ビットレート	246
感覚層	294
関数	177
記憶装置	160
機械学習	23,281,290,298
ギガバイト	61
木構造	67
基地局	127
輝度	232
教師あり学習	282,299
教師なし学習	300
共通鍵	254
共通鍵暗号方式	254
虚数	184
キロバイト	61
近似値	186
クイックソート	155,170
空間計算量	43,161
クエリサーバ	216
クヌース先生	97
組み合わせ爆発	44,91
クラスタリング	59
グラフ理論	81
繰り返し	173
グリニッジ子午線	119
クレイコンピュータ	149
クローラー	215
京	150
計算量	43,161
経線	119
経度	118
経路探索	80
桁落ち誤差	187
決定性	30
ケプストラム分析	104
ケルクホフスの原理	257
検索	54
検索エンジン	215
原子時計	123
公開鍵	258
公開鍵暗号方式	258
交叉	310,313
虹彩認証	114
高徳納	97
コーデック	242
コードブック	240
誤差	185
コスト	80

個体	310
固定ビットレート	246
コンテナ	241
コンパイル型	144
コンピュータ将棋プログラム	152
コンピュータビジョン	277

さ

再帰	177
最適化	31
サブサンプリング	232
算術演算	158
サンプリング	235
シーザー暗号	251
時間計算量	43,161
色差	232
指数表現	188
指数部	188
自然言語	143
自動運転	115
指紋認証	113
シャノンの第1定理	234
集団	310
周波数	105,233
周波数スペクトル分析	104
出力	31
出力層	294
出力装置	161
巡回セールスマン問題	24,44,311
条件式	175
情報落ち誤差	188
情報符号化定理	234
初期値	175
人工言語	143
人工生命	314
人工知能	23,292
深層学習	293,297
真値	182
真理値表	159,190
スーパーコンピュータ	149
数表	189
スキュタレー暗号	250
スケールアウト	58
スケールアップ	58
スタンドアロンGPS	127
ステガノグラフィ	250
ステップ	31,44
スパイダー	215
ずらしテーブル	207

317

INDEX

制御装置	160
制御文字	199
正弦波	105
整数	184
生体認証	113
正当性	29
ゼタバイト	61
セッション鍵	264
ゼロ知識証明	23
線形検索	62
宣言	175
染色体	310
選択	310,312
選択ソート	155,168
総当たり攻撃	253
双方向フレーム	245
ソート	64
添字	174
測地系	121
疎密派	101

た

ダートマス会議	292
ダイクストラ法	84
第五世代コンピュータ	292
代入	173
タビュレーティングマシン	148
多分木	68
チェックデジット	112
力まかせのアルゴリズム	201,205,305
チャールズ・バベッジ	20
中間層	295
中間認証局	268
ツリー構造	67
ディープニューラルネットワーク	297
ディープラーニング	293,297
停止性	42
ディレクトリ型検索エンジン	215
データ・プロセッシング	56
データ構造	67,140
データの単位	61
適応度	310
テキスト	198
デコード	242
デジタル証明書	262,265
デジタル署名	265
デシベル	238
テラバイト	61
転置式暗号	251

テンプレートマッチング	278
動画圧縮	241
動画像処理	283
特徴ベースマッチング	278
特徴量	279
突然変異	310,313
ドナルド・クヌース	94,97,206
ドメインツリー	76
トラッキング	284
トリプルDES	255

な

二点交叉	313
二分木	68
二分木探索	68
二分検索	64
日本測地系	122
ニューラルネットワーク	293
入力	31
入力層	294
入力装置	161
ニューロコンピュータ	161
ニューロン	151,293
認証局	268
ノイマン型コンピュータ	161
ノード	67,81

は

バーコード	112
パーセプトロン	293,296
排他的論理和	159
バイト	61
バイナリサーチ	64
ハイブリッド暗号方式	264
配列	63,174
波形	105
パス	81
パターン	198
パターンマッチング	104,299
バックトラック法	304
ハッシュ関数	267
ハッシュ値	249,266,274
ハノイの塔	25
バビロニアの開平法	19
バビロンの粘土板	19
ハフマン符号化	227
バブルソート	154,166
パラダイム	201
パラメータ	296
半教師あり学習	299

318

反応層	294
汎用性	28
非可逆圧縮	224
引数	177
ピクセル	231
ビッグオー記法	46
ビッグデータ	58
ビットコイン	23
ビットレート	239
非表示文字	199
ピボット	170,172
秘密鍵	254,258
評価	312
表現型	311
標本化	235
平文	251
ビル・ゲイツ	141
ファジィ理論	308
フーリエ変換	105
ブール演算	158
フォルマント分析	104
フォルマント分布	104
復号	252
復号鍵	253
複素数	184
符号表	229
プリンプトン322	191
ブルートフォースアタック	253
フレーム	243
フレーム間差分	244
フレーム間予測	244
フレーム内圧縮	243
フロー推定	284
プログラミング言語	143
プログラム	31,140
ブロックマッチング法	285
フワーリズミー	16
分割統治法	170
平衡木	73
平衡二分探索木	73
ページランク	217
ベクトル	285
ペタバイト	61
変数	173
ボイヤー・ムーア法	210
本初子午線	118

ま

マーチンゲール法	27

マスキング効果	238
丸め誤差	187
ムーアの法則	56
無限ループ	41,46
無理数	184
メガバイト	61
メンバシップ関数	308
文字コード	112,198
文字化け	199
文字列	200
文字列検索	198
文字列リテラル	200
戻り値	177
問題	31
モンテカルロ法	191

や

ユークリッド原論	15,18
ユークリッドの互除法	18,138
有限性	41
有効桁数	186
有理数	184
ユニット	294
要素	174
要素番号	63
ヨタバイト	61

ら

ライプニッツの公式	180,182
ライブラリ	145
乱数	192
ランレングス符号化	225
リーフノード	67
リターン値	177
リニアサーチ	62
領域ベースマッチング	278
量子化	235
量子コンピュータ	161
ルート証明書	268
ルート認証局	268
ルートノード	67
ループ	173
ルックアップテーブル	189
ロボット型検索エンジン	215
論理演算	158
論理積	159
論理否定	159
論理和	159

著者プロフィール

鈴木 浩一 (すずき こういち)

愛知県春日井市出身、千葉県市川市在住。IT研修のインストラクタとして30年余、延べ1万人以上の受講者にコンピュータ基礎、プログラミング、システム開発、情報セキュリティ、デジタルフォレンジックなどを教える。特にJavaやLinuxについては、創生期から研修に関わっている。コンピュータに最初に触れたのは中学1年生のときで、NEC製「PC-8001」でBASIC言語の自作プログラムを作った。最近はAndroidスマホ用アプリ「ひよこ時計」を開発・リリース。好きなプログラミング言語はKotlin、Ruby、Scheme、Haskell、AWK。

おうちで学べる アルゴリズムのきほん

2017年　3月13日　初版第1刷発行

著　　者	鈴木 浩一
発 行 人	佐々木 幹夫
発 行 所	株式会社 翔泳社 (http://www.shoeisha.co.jp)
印刷・製本	大日本印刷株式会社

©2017 Koichi Suzuki

装丁・デザイン	小島 トシノブ (NONdesign)
DTP	佐々木 大介
	吉野 敦史 (株式会社アイズファクトリー)

本書は著作権法上の保護を受けています。本書の一部または全部について (ソフトウェアおよびプログラムを含む)、株式会社 翔泳社から文書による許諾を得ずに、いかなる方法においても無断で複写、複製することは禁じられています。
本書へのお問い合わせについては、2ページに記載の内容をお読みください。
落丁・乱丁はお取り替えいたします。03-5362-3705までご連絡ください。
ISBN978-4-7981-4528-0 Printed in Japan